高职高专土建类专业规划教材
工程造价系列

建筑装饰工程预算

主　编　张卫平　吕宗斌
副主编　孙湘晖
参　编　阙大柯　项冬晴
主　审　饶　武

机 械 工 业 出 版 社

本书是高职高专土建类专业规划教材工程造价系列教材之一，主要介绍了建筑装饰装修工程预算基本理论知识及建筑装饰装修工程预算编制实例。全书共4章，内容包括：建筑装饰装修工程消耗量定额，建筑装饰装修工程人工、材料、机械台班单价的确定，建筑装饰装修工程工程量计算，建筑装饰装修工程造价编制。

本书可作为建筑工程造价管理专业、建筑装饰工程、物业管理等专业的教材，也可作为从事装饰装修工程的预算人员、工程技术与管理人员业务学习的参考用书。

图书在版编目(CIP)数据

建筑装饰工程预算/张卫平，吕宗斌主编. —北京：机械工业出版社，2010.4（2016.1重印）
高职高专土建类专业规划教材. 工程造价系列
ISBN 978-7-111-30057-1

Ⅰ.①建… Ⅱ.①张…②吕… Ⅲ.①建筑装饰-建筑预算定额-高等学校：技术学校-教材 Ⅳ.①TU723.3

中国版本图书馆CIP数据核字（2010）第041860号

机械工业出版社(北京市百万庄大街22号 邮政编码100037)
策划编辑：张荣荣 责任编辑：张荣荣 版式设计：张世琴
封面设计：张 静 责任校对：常天培 责任印制：李 洋
北京圣夫亚美印刷有限公司印刷
2016年1月第1版第10次印刷
184mm×260mm · 12.5印张 · 307千字
标准书号:ISBN 978-7-111-30057-1
定价：28.00元

凡购本书，如有缺页、倒页、脱页，由本社发行部调换
电话服务 网络服务
社服务中心 :(010)88361066 门户网:http://www.cmpbook.com
销 售 一 部 :(010)68326294 教材网:http://www.cmpedu.com
销 售 二 部 :(010)88379649 **封面无防伪标均为盗版**
读者购书热线:(010)88379203

高职高专工程造价系列教材
编审委员会名单

出版说明

近年来，随着国家经济建设的迅速发展，建设工程的发展规模不断扩大，建设速度不断加快，对建筑类具备高等职业技能的人才需求也随之不断加大。为了贯彻落实《国务院关于大力推进职业教育改革与发展的决定》的精神，我们通过深入调查，在全国高职高专教育土建类专业教学指导委员会的指导与大力支持下，组织了全国三十余所高职高专院校的一批优秀教师，编写出版了本套教材。

本套教材以《高等职业教育工程造价专业教育标准和培养方案》为纲，编写中注重培养学生的实践能力，基础理论贯彻“实用为主、必需和够用为度”的原则，基本知识采用广而不深、点到为止的编写方法，基本技能贯穿教学的始终。在教材的编写中，力求文字叙述简明扼要、通俗易懂。本套教材结合了专业建设、课程建设和教学改革成果，在广泛的调查和研讨的基础上进行规划和编写，在编写中紧密结合职业要求，力争能满足高职高专教学需要并推动高职高专工程造价专业的教材建设。

本套教材包括工程造价专业的12门主干课程，编者来自全国多所在工程造价专业领域积极进行教育教学研究，并取得优秀成果的高等职业院校。在未来的2~3年内，我们将陆续推出工程监理、市政工程、园林景观等土建类各专业的教材及实训教材，最终出版一系列体系完整、内容优秀、特色鲜明的高职高专土建类专业教材。

本套教材适用于高职高专院校、成人高校、继续教育学院和民办高校的工程造价专业使用，也可作为相关从业人员的培训教材。

机械工业出版社

2010年4月

序　言

为了全面贯彻《国务院关于大力推进职业教育改革与发展的决定》，认真落实《教育部关于全面提高高等职业教育教学质量的若干意见》，培养工程造价行业紧缺的工程管理型、技术应用型人才，依据高职高专教育土建类专业教学指导委员会编制的工程造价专业的教育标准、培养方案及主干课程教学大纲，我们组织了全国多所在该专业领域积极进行教育教学改革，并取得许多优秀成果的高等职业院校的老师共同编写了这套系列教材。

本套系列教材包括《工程造价控制》、《工程量清单计价》、《建筑工程项目管理》、《建筑设备安装工程预算》、《建筑装饰工程预算》、《建筑工程预算》、《工程建设定额原理与实务》、《建筑设备安装与识图》、《建筑施工工艺》、《建筑结构基础与识图》、《建筑识图与构造》、《建筑与装饰材料》等12个分册，较好地体现了土建类高等职业教育培养“施工型”、“能力型”、“成品型”人才的特性。本着遵循专业人才培养的总体目标和体现职业型、技术型的特色以及反映最新课程改革成果的原则，整套教材在体系的构建、内容的选择、知识的互融、彼此的衔接和应用的便捷上不但可为一线老师的教学和学生的学习提供有效的帮助，而且必定会有力推进高职高专建筑装饰工程技术专业教育教学改革的进程。

教学改革是一项在探索中不断前进的过程，教材建设也必将随之不断革故鼎新，希望使用该系列教材的院校以及老师和同学们及时将你们的意见、要求反馈给我们，以使该系列教材不断完整，成为反映高等职业教育工程造价专业改革最新成果的精品系列教材。

高职高专工程造价系列教材编审委员会

2010年4月

前　言

本教材根据《高等职业教育工程造价专业教育标准和培养方案》编写，是高职高专土建类专业规划教材工程造价系列教材之一。

本教材内容以理论够用为原则，突出实际动手能力，以培养应用型人才为目标，依据2002年原建设部颁发的《全国统一建筑装饰装修工程消耗量定额》（GYD-901-2002）以及2003年原建设部、财政部颁发的《建筑安装工程费用项目组成》（建标［2003］206号文件）、《建筑工程工程量清单计价规范》（GB 50500—2008）编写，具有较强的实用性。

本书依据我国目前工程造价计价"双轨制"的实际情况，主要介绍了建筑装饰装修工程定额计价方法，建筑装饰装修工程量清单编制，建筑装饰装修工程量清单计价文件编制，建筑装饰装修工程预算定额单价的构成、工程量清单计价综合单价的计算等内容，并配有装饰工程预算实例，具有较强的针对性和实践性。同时，为方便清单计价学习的需要，教材最后部分附装饰装修工程工程量清单项目附录B。

本书既可作为高职高专院校建筑工程造价专业的教材，也可作为建筑装饰专业的教材和工程造价管理人员、企业管理人员培训和业务学习的参考书。

本书特点是：讲解简单明了，理论、实践相互结合，预算实例图文并茂，内容完整准确。

本书由张卫平、吕宗斌任主编，孙湘晖任副主编，阙大柯、项冬晴参编。全书共四章，绪论、第1章由上海城市管理职业技术学院阙大柯编写，第2章由新疆工程建设监理公司项冬晴编写，第3章的3.1节、3.10节、第四章的4.1节及附录由新疆建设职业技术学院张卫平编写，第3章的3.2~3.9节由湖南城建职业技术学院孙湘晖编写，第4章的4.2~4.4节由山西太原城市职业技术学院吕宗斌编写。

由于编者水平有限，编写时间仓促，对于教材中存在的不足之处，敬请广大读者批评指正，以便修订完善。

编　者

目　录

绪　论

0.1 本课程研究的对象与任务

0.1.1 建筑装饰装修的概念

《建筑装饰装修工程质量验收规范》（GB 50210—2001）术语中，规范了建筑装饰装修的概念，它是指为保护建筑物的主体结构、完善建筑物的使用功能和美化建筑物，采用装饰装修材料或饰物，对建筑物的内外表面空间进行的各种处理过程。

建筑装饰装修工程是以美学原理为依据，以各种现代装饰材料为基础，通过运用正确的施工技术和精工细做来丰富和美化建筑物、构筑物的外表和内部空间的建造活动，它是工程建设工作的重要组成部分。

0.1.2 本课程研究的对象与任务

1. 本课程性质

建筑装饰工程预算系建筑工程造价专业的一门主干专业课程；是研究建筑装饰工程产品生产和建筑装饰工程造价之间的内在关系，将工程技术和经济法规融为一体，并为科学管理和控制工程投资提供重要依据的一门综合课程；它是建筑装饰工程施工企业实行科学管理的重要基础。

2. 本课程主要研究对象

建筑装饰工程预算主要包括建筑装饰工程消耗量定额和建筑装饰工程造价两个组成部分，分别从两个不同的角度反映同一个规律——建筑装饰工程产品生产与生产消耗之间的内在关系。

物质资料的生产是人类赖以生存延续和发展的基础，物质生产活动必须消耗一定数量的活劳动与物化劳动，这是任何社会都必须遵循的基本规律。建筑装饰工程作为一项重要的社会物质生产活动，在其产品的形成过程中必然要消耗一定数量的资源，而建筑装饰工程预算正是为了反映产品的实物形态在其建造过程中“投入与产出”之间的数量关系以及影响“生产消耗”的各种因素；客观地、全面地研究两者之间的关系，找出它们的构成因素和相应的规律性；应用社会主义市场的经济规律与价值规律，按照国家和地方行政主管部门的有关规定和当地当期建筑装饰市场状况，正确确定建筑装饰工程产品价格；从而实现对工程造价的有效控制和管理，以求达到控制生产投入、降低工程成本、提高建设投资效果、增加社会财富之目的。

3. 本课程的主要任务

（1）建筑装饰工程消耗量定额。其主要任务是：研究建筑装饰产品的实物形态在其建造过程中投入与产出之间的数量关系，采用科学的方法，合理制定建筑装饰工程产品生产的消耗量标准（消耗量定额）。其主要内容包括：建筑装饰工程消耗量定额的基本知识，建筑装饰工程消耗量定额的编制和应用。

（2）建筑装饰工程计价。其主要任务是：根据国家的有关政策、地方行政主管部门的有关规定、《建筑工程工程量清单计价规范》（GB 50500—2008），以及现行的全国统一建筑装饰工程消耗量定额和相应的装饰工程取费标准，按照各地建筑装饰市场的信息状况，合理计算确定工程造价与建设项目投资额。其主要内容包括：建筑装饰工程造价基本概念、建筑装饰工程造价费用、建筑装饰工程材料价格的制定、建筑装饰工程造价文件的编制。

0.2 本课程的特点及与其他课程的关系

0.2.1 本课程的特点

本课程是一门综合性较强的应用学科，涉及我国国民经济的各部门、各行业，应用范围也极为广泛，其综合性、政策性、实用性、实践性是本课程的主要特点。

（1）综合性。本课程的综合性主要体现在课程内容上有多学科的交叉和相关知识的有机结合，这些学科与专业知识主要包括经济理论基础、工程技术经济、建筑企业管理和计算机技术应用等。上述相关知识的有机组合，使之成为一个比较合理的整体学科，并能满足专业教学的需要。

（2）政策性。为宏观调控、指导和促进建筑业的发展，国家制定了一系列建筑经济政策，而本课程所讲述的工程计价定额、工程费用定额、工程造价编制、工程量清单计价规范等，无不与国家建筑经济技术政策有关。学习本课程，一个很重要的方面就是要了解、掌握这些政策规定和政策精神，以便今后在实际工作中贯彻应用。

（3）实用性。本课程是一门实用性学科。随着我国工程造价改革的不断深入，本课程内容中融入了当前最新的计价理论和工程量清单计价规范。目前，在我国工程造价计价实行“双轨”制的情况下，两种计价方式在本课程中均有体现，因此课程内容切合实际，适应企业经营管理工作的需要。

（4）实践性。建设工程造价的编制是一项专业技术性很强的工作，学习时要多练习、多实践才能取得成效，尤其是计算技能的训练更为重要。因此，本课程在内容上力求使理论知识密切联系建筑企业实际情况，并以实际应用为学习重点。为加强动手能力的培养，本课程专门安排一定学时的实践性教学训练，采用“理论-实践”的教学模式，使学生能够独立完成建筑装饰工程预算的编制练习，以增强学生的感性认识和实际工作能力。

0.2.2 本课程与其他课程的关系

建筑装饰工程计量与计价属综合性应用学科，它集技术技能、法律法规、经济政策以及一系列的技术、组织和管理因素于一体。作为一门应用学科，它需要综合许多学科知识，同时要求应具备相应的实践应用基础；它与政治经济学，建筑经济学，建设法规，建筑工程制图与识图，建筑装饰工程材料，房屋构造，建筑装饰设计，建筑装饰构造，建筑装饰工程施工，房屋装饰水暖、卫生与装饰电气设备基本知识等课程具有十分紧密的联系；同时本课程将为建筑装饰工程施工组织设计、建筑装饰工程施工项目管理、建筑施工企业经营与管理、应用计算机编制工程造价等课程学习提供良好的条件，为学生毕业后从事建筑装饰工程预算，建筑装饰工程施工项目管理和建筑装饰施工企业经营管理工作奠定良好的基础。

0.3 本课程的重点、难点、学习方法与要求

0.3.1 本课程的重点、难点

本课程涉及的专业知识较多，内容繁多，特别是具有综合性、政策性、实用性和实践性都较强的特点。为加强基本技能的训练，培养独立工作的能力，应做好课程重点、难点的学习。本课程的重点是建筑装饰工程预算定额的原理及应用，工程量计算和工程量清单计价规范的正确应用。工程量计算和应用计价规范确定工程造价是学习本课程的难点。

0.3.2 本课程的学习方法与要求

由于本课程具有综合性、实践性强的特点，因此，在学习方法上，应加强理论联系实际，学练结合、学以致用。学生除独立完成平时的训练作业外，应在教师的指导下，深入装修工地，弄懂装修构造做法和施工工艺，并独立完成单位工程施工图预算的编制。

学习本课程时，必须紧密结合地方造价管理方面的有关规定。本教材采用新编《全国统一建筑装饰装修工程消耗量定额》、《建设工程工程量清单计价规范》以及有关地方的“工程量清单计价办法”。由于目前建筑装饰工程工程量清单计价办法的实施在各省、市和各地区尚未完全同步；另外各个地方建筑装饰市场状况、地区经济环境存在较大差别（包括人工工资单价、装饰材料单价、机械台班使用费单价等）。因此，在教学过程中，希望能按照本教材所讨论的原理和方法，按照不同地区制定的具体办法进行学习。

思考题与习题

1. 本课程研究的对象与任务是什么？
2. 本课程的主要特点是什么？

第1章 建筑装饰装修工程消耗量定额

知识点：建筑装饰工程消耗量定额及其应用。

教学目标：通过教学使学生具备以下两个方面的能力：

(1) 依据工程量，应用消耗量定额计算装饰工程人工、材料、机械台班需用量。

(2) 根据装饰施工图，按照装饰施工过程及构成关系，计算确定装饰分部分项工程补充子目人工、材料、机械台班消耗量指标。

1.1 建筑装饰装修工程消耗量定额概述

1.1.1 建筑装饰装修工程消耗量定额的概念与作用

1. 建筑装饰装修工程消耗量定额的概念

建筑装饰工程消耗量定额是指在正常的施工条件下，为了完成一定计量单位的合格的建筑装饰工程产品所必需消耗的人工、材料（或构、配件）、机械台班的数量标准。

2. 建筑装饰装修工程消耗量定额的作用

随着社会经济的发展，人们的生活水平和人们对生活环境要求的不断提高，建筑装饰工程的标准也随之提升。建筑装饰工程已从建筑安装工程中分离出来，成为一个独立的行业，具备进行独立招标投标的条件。而建筑装饰工程消耗量定额正是为适应建筑装饰工程设计与施工行业的快速发展，满足建筑装饰工程造价管理的需要而制定的。

建筑装饰工程消耗量定额的作用主要体现在以下几方面：

1）作为编制工程计划、组织和管理施工的重要依据。

2）作为评定优选建筑装饰工程设计方案的依据。

3）作为编制建筑装饰工程分项单价的依据。

4）作为建筑企业和工程项目部实行经济责任制的重要依据。

5）是施工生产企业总结先进生产方法的手段。

1.1.2 建筑装饰装修工程消耗量定额的性质

消耗量定额的性质决定于消耗量定额的编制目的和编制过程。建筑装饰工程消耗量定额的编制目的是为了加强工程建设的管理，促进工程建设高速高效低耗发展，满足整个社会不断增长的物质和文化生活的需要。我国建筑装饰工程消耗量定额与通常所说的消耗量定额性质基本一致，主要是：

(1) 消耗量定额的科学性。

(2) 消耗量定额的权威性。

(3) 消耗量定额的群众性。

(4) 消耗量定额的相对稳定性。

1.1.3 建筑装饰装修工程消耗量定额的分类

消耗量定额按照不同的划分方式具有不同的消耗量标准，常见的分类方法有以下四种：

1. 按生产要素分

物质资料生产的三要素是指劳动者、劳动手段和劳动对象。劳动者是指生产工人，劳动手段是指生产工具和机械设备，劳动对象是指产品生产过程中所需消耗的材料（原材料、成品、半成品和各种构、配件）。按此三要素分类可分为人工消耗量定额、材料消耗量定额、机械台班消耗量定额。

（1）人工消耗量定额。人工消耗量定额又称劳动消耗量标准，它反映生产工人的劳动生产率水平。根据其表示形式可分成时间定额和产量定额。

1）时间定额。时间定额又称时间消耗量标准，是指在合理的劳动组织与合理使用材料的条件下，为完成质量合格的单位工程产品所必需消耗的劳动时间。时间标准通常以"工日"（工时）为单位。

2）产量定额。产量定额又称每工产量，是指在合理的劳动组织与合理使用材料的条件下，规定某工种某等级的工人（或工人小组）在单位工作时间内应完成质量合格的工程产品的数量标准。产量标准通常以 m/工日、m^2/工日、m^3/工日、t/工日、台/工日、组/工日、套/工日等表示。

（2）材料消耗量定额。材料消耗量定额又称材料消耗量标准，是指在节约的原则和合理使用材料的条件下，生产质量合格的单位工程产品所必需消耗的一定规格的质量合格的材料（原材料、成品、半成品、构配件、动力与燃料）的数量标准。

（3）机械台班消耗量定额。机械台班消耗量定额又称机械台班使用标准，简称机械消耗标准。它是指在机械正常运转的状态下，合理地、均衡地组织施工和正确使用施工机械的条件下，某种机械在单位时间内的生产率。按其表示形式的不同亦可分成机械时间定额和机械产量定额。

1）机械时间定额。机械时间定额又称机械时间消耗量标准，是指在施工机械运转正常时，合理组织和正确使用机械的施工条件下，某种类型机械为完成符合质量要求的单位工程产品所必需消耗的机械工作时间。机械时间定额的单位以"台班"（台时）表示。

2）机械产量定额。机械产量定额又称机械产量标准，是指在施工机械正常运转时，合理组织和正确使用机械的施工条件下，某种类型的机械在单位机械工作时间内，应完成符合质量要求的工程产品数量。机械产量定额单位以"产品数量/台班"表示。

2. 按消耗量定额编制程序与用途划分

消耗量定额按性质和用途可分成："生产型定额"和"计价型定额"两大类。建筑装饰工程消耗量定额可分为：施工消耗量定额、预算消耗量定额、概算消耗量定额及概算指标。

（1）施工消耗量定额。施工消耗量定额是指在正常施工条件下，为完成单位合格的施工产品（施工过程）所必需消耗的人工、材料和机械台班的数量标准。

施工消耗量定额以同一性质的施工过程为对象，通过技术测定、综合分析和统计计算确定。它是施工企业组织施工生产和加强企业内部管理使用的一种消耗量定额，是一种生产型的消耗量标准，是指导现场施工生产的重要依据。

（2）预算消耗量定额。预算消耗量定额是指在正常施工条件下，为完成一定计量单位的分项工程或结构（构造）构件所需消耗的人工、材料、机械台班的数量标准。

预算消耗量定额是一种计价性的消耗量定额，是计算工程招标控制价和确定投标报价的主要依据。《全国统一建筑装饰装修工程消耗量定额》，就是属于预算消耗量定额，是计算确定建筑装饰工程预算造价的主要依据。

（3）概算消耗量定额。概算消耗量定额又称为扩大结构消耗量定额。它是指在正常施工条件下，为完成一定计量单位的扩大结构构件、扩大分项工程或分部工程所需消耗的人工、材料和机械台班的数量标准。它也属于计价型的消耗量定额，是计算确定建筑装饰工程设计概算造价的主要依据。

（4）概算指标。概算指标是指在正常施工条件下，为完成一定计量单位的建筑物或构筑物所需消耗的人工、材料、机械台班的资源消耗指标量和造价指标量。如每 $100m^2$ 某种类型建筑物所需消耗某种资源的数量指标或者造价指标。概算指标较概算消耗量定额更综合扩大，故有扩大结构消耗量定额之称。其本质属于计价型的消耗量定额，是计算确定建筑装饰工程设计概算造价的主要依据。

3. 按主编单位及执行范围划分

装饰消耗量定额按主编单位及执行范围可分为：全国统一消耗量定额、地方统一消耗量定额、企业消耗量定额。

（1）全国统一消耗量定额。全国统一消耗量定额是由国家或国家行政主管部门综合全国建筑安装工程施工生产技术和施工组织管理水平而编制的，在全国范围内执行。如《全国建筑安装工程统一劳动定额》、《全国统一安装工程预算定额》、《全国统一建筑装饰装修工程消耗量定额》等。

（2）地区统一消耗量定额。地区统一消耗量定额是由国家授权地方政府行政主管部门参照全国消耗量定额的水平，考虑本地区的特点（气候、经济环境、交通运输、资源供应状况等条件）编制的，在本地区范围内适用的消耗量定额。如各省编制的建筑工程预算消耗量定额。

（3）企业消耗量定额。企业消耗量定额是由生产企业参照国家统一消耗量定额的水平，考虑地方特点，根据工程项目的具体特征，按照本企业的生产技术应用与经营管理经验的实际情况编制的，在本企业内部或在批准的一定范围内执行的消耗量标准。

企业消耗量定额充分反映生产企业的技术应用与经营管理水平的实际情况，其消耗量标准更切合工程施工过程的实际状况，更有利于推动企业生产力的发展，在市场经济条件下，推行企业消耗量定额尤为重要。原建设部颁布的《建筑工程工程量清单计价规范》的“工程量清单计价”条款中明确规定：企业定额作为投标单位编制建设工程投标报价的依据。

4. 按工程费用性质划分

消耗量定额按费用性质可分为：直接费消耗量定额、间接费消耗量定额、其他费用消耗量定额。

（1）直接费消耗量定额。直接费定额实质就是消耗量定额，可表述为用来计算分部分项工程项目和施工措施项目直接工程费的消耗量标准。在工程计价过程中，利用消耗量标准计算确定人工、材料、机械台班的消耗量，计算分部分项工程项目和施工措施项目的直接工程费以及分项人工费、分项材料费、分项机械使用费。人们通常所说的计价型消耗量定额属于直接费定额，如《建筑工程预算定额》、《全国统一建筑装饰装修工程消耗量定额》、《建筑工程概算定额》等。

(2) 间接费消耗量定额。间接费消耗量定额又称间接费取费标准，是指用来计算工程项目直接工程费以外的有关工程费用的费率标准。此类费用通常都采用规定的计算基数乘以相应的费率来确定，所以各类工程间接费的费率被称为“取费标准”。

(3) 其他费用消耗量定额。其他费用消耗量定额又称其他费用取费标准，是指用来确定各项工程建设其他费用（包括土地征收、青苗补贴、建设单位管理费等）的计费标准。

1.2 劳动定额、材料消耗量定额、机械台班使用量定额

1.2.1 劳动定额的概念及消耗量标准的确定

人工、材料、机械台班消耗量以劳动定额、材料消耗量定额、机械台班消耗量定额的形式来表现，它是工程计价最基础的定额，是编制地方和行业部门编制预算定额的基础，也是个别企业依据其自身的消耗水平编制企业定额的基础。

1. 劳动定额的概念

劳动定额亦称人工定额，指在正常施工条件下，某等级工人在单位时间内完成合格产品的数量或完成单位合格产品所需要的劳动时间。按其表现形式的不同，可分为时间定额和产量定额。它是确定装饰工程预算定额人工消耗量的主要依据。

2. 劳动定额的分类及其关系

劳动消耗量定额有两种基本的表现形式：即时间消耗量定额和产量消耗量定额。

(1) 时间定额。是指某工种某专业的工人或工人班组，在合理的劳动组织与正确使用材料的条件下，完成单位质量合格的装饰工程施工产品所必须的工作时间。

(2) 产量定额。每工产量标准是指某工种某专业的工人或工人班组，在合理的劳动组织与正确使用材料的条件下，在单位工作时间内应完成符合质量要求的产品数量。

3. 时间定额与产量定额的关系

时间消耗量定额与产量消耗量定额是对同一产品所需劳动量的两种表示形式，在数值上互为倒数关系。即

$$时间消耗量定额 \times 每工产量标准 = 1 \tag{1-1}$$

1.2.2 材料消耗量定额的概念及消耗量定额的制定方法

1. 材料消耗量定额的概念

材料消耗量定额是指在节约的原则和合理使用材料的条件下，生产质量合格的单位产品所必须消耗的一定品种规格的原材料、成品、半成品、构件和动力燃料等资源的数量标准。

材料消耗量定额可分成两部分：一部分是直接用于建筑装饰工程的材料，称为材料净用量；另一部分是生产操作过程中不可避免的废料和不可避免的损耗，称为材料损耗量。材料损耗量用材料损耗率表示，即以材料的损耗量与材料消耗量比值的百分率表示。其数学表达式为

$$材料消耗量 = 净用量 \times (1 + 材料损耗率) \tag{1-2}$$

$$材料损耗率 = 材料的损耗量/材料消耗量 \tag{1-3}$$

材料损耗率通常按工程施工中的损耗情况进行统计，通过综合分析计算，并列出材料损耗率表，见表1-1。

表1-1　材料、成品、半成品损耗率参考表

材料名称	损耗率(%)	材料名称	损耗率(%)
标准砖	1	水泥砂浆	2.5
白瓷砖	1.5	石灰膏	1.5
陶瓷锦砖	1	玻璃及制品	4
铺地砖(缸砖)	0.8	石膏板	2.0
砂	1.5	地毯	5
砾石	2	壁纸	3
水泥	1	铁件	1

2. 材料消耗量定额的制定方法

材料消耗量定额的制定方法有：观察法、实验法、统计法、理论计算法等。

(1) 观察法。观察法是指通过对装饰工程施工过程中，实际完成的建筑装饰工程施工产品数量与所消耗的材料数量进行现场观察和测定，通过分析整理和计算确定建筑装饰材料消耗量定额和装饰材料损耗消耗量定额的方法。

(2) 实验法。实验法是指采用实验仪器和实验设备，在实验室或施工现场内，通过对工程材料进行试验测定并通过资料整理计算制定材料消耗量定额的方法。此法适用于测定混合材料（如混凝土、砂浆、沥青膏、油漆涂料等材料）的消耗量定额。

(3) 统计法。统计法是指通过对各类已完建筑装饰工程施工过程的装饰分部分项工程拨付材料数量，竣工后的装饰材料剩余数量，完成装饰工程产品数量的统计、分析、计算，确定装饰材料消耗量定额的方法。

(4) 理论计算法。理论计算法是指根据装饰工程施工图，按照设计所确定的装饰工程构件的类型、所采用材料的规格和其他技术资料，通过理论计算来制定材料消耗量标准的方法。

3. 常用装饰材料消耗量定额的确定

确定各种材料的消耗量，先计算净用量，后计算损耗量，最后求得材料消耗量。

(1) 块料面层材料消耗量计算。块料面层一般指瓷砖、锦转、缸砖、预制水磨石块、大理石、花岗石板。块料面层消耗量定额通常以100m^{2}为计量单位。

$$\text{面层块材用量}=\frac{100}{(\text{块料长}+\text{灰缝宽})\times(\text{块料宽}+\text{灰缝宽})}\times(1+\text{损耗率}) \tag{1-4}$$

$$\text{灰缝砂浆用量}=(100-\text{块料净用量}\times\text{块料长}\times\text{块料宽})\times\text{灰缝深}\times(1+\text{损耗率}) \tag{1-5}$$

【例1-1】 釉面砖规格为300mm×450mm×5mm，其损耗率为1.5%，试计算100m^{2}墙面釉面砖消耗量（灰缝宽2mm）。

$$\text{釉面砖消耗量}=\frac{100}{(0.3+0.002)\times(0.45+0.002)}\times(1+0.015)\text{块}=743.590\text{块}$$

(2) 周转性材料消耗量的计算。周转性材料是施工过程中多次使用，属于工具性的材料，如模板、挡土板、脚手架等。制定周转性材料消耗量，应当按照多次使用，分期摊销方法进行计算。

例如现浇混凝土构件模板用量计算：

① 周转材料的一次使用量指在不重复使用条件下，周转性材料的一次性用量

$$现浇混凝土模板一次使用量=单位构件模板接触面面积\times单位接触面积模板需用量\times(1+损耗率) \tag{1-6}$$

② 材料周转使用量。材料周转使用量指完成一次计量单位的混凝土结构构件或混凝土装饰构件所需消耗的周转材料的数量，一般按材料周转次数和每次周转应发生的补损量等因素进行计算。其计算公式为

$$材料周转使用量=\frac{一次用量+[一次使用量\times(周转次数-1)\times补损率]}{周转次数}=一次使用量\times k_1 \tag{1-7}$$

式中　k_1——周转使用系数，$k_1=\frac{1+(周转次数-1)\times补损率}{周转次数}$。

③ 周转性材料摊销量。周转性材料在重复使用条件下，通常采用摊销的办法进行计算，求得分摊到每一个计量单位结构构件的材料消耗量。其计算公式为

$$周转性材料摊销量=一次使用量\times k_2 \tag{1-8}$$

式中　k_2——摊销系数，$k_2=k_1-\frac{(1-补损率)\times回收折价率}{周转次数\times(1+间接费率)}$。

(3) 脚手架料用量计算。工程中脚手架料采用钢管、脚手架板等，其消耗量标准可以根据脚手架料使用期与耐用期之间的比例关系，采用平均分摊的办法计算。其计算式为

$$摊销量=一次使用量\times(1-残值率)\times\frac{使用期限}{耐用期限} \tag{1-9}$$

1.2.3 机械台班使用量定额的概念及消耗量标准的确定

1. 机械台班消耗量定额的概念

机械台班消耗量定额，是指在正常的装饰机械生产条件下，为生产单位合格装饰工程产品所必须消耗机械的工作时间，或者在单位时间内使用施工机械所应完成的合格装饰产品数量。按其表现形式可分成为机械时间消耗量定额和机械产量消耗量定额。两者的关系以下式表示

$$机械台班消耗量=\frac{1}{机械台班产量} \tag{1-10}$$

2. 机械台班消耗量定额的确定

(1) 拟定机械正常工作条件。拟定机械正常工作条件，包括施工现场的合理组织和合理的工人编制。

施工现场的合理组织，是指对机械的放置位置、机械工作场地与工人的操作场地等做出合理的布置，最大限度地发挥机械的工作性能。

合理的工人编制，通过计时观察、理论计算和经济资料来确定。拟定的工人编制，应保持机械的正常生产率和工人正常的劳动效率。

(2) 确定机械纯工作小时（台班）的正常生产率。机械纯工作的时间包括机械的有效工作时间、不可避免的无负荷工作时间和不可避免的中断时间。

机械纯工作小时台班的正常生产率，就是在机械正常工作条件下，由具备必需的知识与技能的技术工人操作机械工作 1 小时（台班）的生产率。

工作时间能生产的产品数量以及工作时间的消耗，可以通过多次现场测定并参考机械说明书确定。

（3）确定施工机械的正常利用系数。施工机械的正常利用系数又称机械时间利用系数，是指机械纯工作时间占机械消耗量定额时间的百分率。

施工机械消耗量定额时间包括机械纯工作时间、机械台班准备与结束时间、机械维护时间等，不包括迟到、早退、返工等非消耗量定额时间。

$$施工机械正常利用系数(K)=\frac{工作班工作时间}{工作班的延续时间} \tag{1-11}$$

【例 1-2】 某地根据某年度各类工程机械施工情况统计，有某种机械台班内工作时间为 7.2 个小时，则机械正常利用系数

$$K=\frac{7.2}{8}=0.9$$

（4）计算装饰机械台班消耗量定额

1）装饰机械台班产量消耗量定额计算：

$$机械台班产量定额=机械纯工作小时正常生产率\times台班延续时间\times机械正常利用系数 \tag{1-12}$$

2）机械时间消耗量定额与机械台班产量定额的关系以下式表示

$$机械时间定额=\frac{1}{机械产量定额} \tag{1-13}$$

1.3 建筑装饰装修工程消耗量定额的组成和应用

1.3.1 建筑装饰装修工程定额的组成形式

1. 装饰工程消耗量定额的组成

《全国统一建筑装饰装修工程消耗量定额》的基本内容，由目录表、总说明、分章说明及分项工程量计算规则、消耗量定额项目表和附录等组成。

（1）总说明。《全国统一建筑装饰装修工程消耗量定额》的总说明实质是消耗量定额的使用说明。在总说明中，主要阐述建筑装饰工程消耗量定额的用途和适用范围，编制原则和编制依据，消耗量定额中已经考虑的有关问题的处理办法和尚未考虑的因素，使用中应注意的事项和有关问题的规定等。

（2）分章说明。《全国统一建筑装饰装修工程消耗量定额》将单位装饰工程按其不同性质、不同部位、不同工种和不同材料等因素，划分为以下六个分部工程：楼地面工程，墙、柱面工程，顶棚工程，门窗工程，油漆、涂料、裱糊工程，其他工程。分部以下按工程性质、工作内容及施工方法、使用材料不同等，划分成若干节。如墙、柱面工程分为装饰抹灰面层、镶贴块料面层、墙柱面装饰、幕墙等四节。在节以下按材料类别、规格等不同分成若干分项工程项目或子目。如墙柱面装饰抹灰分为水刷石、干粘石、斩假石等项目，水刷石项

目又分列墙面、柱面、零星项目等子项。

章（分部）工程说明主要说明消耗量定额中各分部（章）所包括的主要分项工程，以及使用消耗量定额的一些基本规定，并列出了各分部中各分项工程的工程量计算规则和方法。

(3) 消耗量定额项目表。消耗量定额项目表是具体反映各分部分项工程（子目）的人工、材料、机械台班消耗量指标的表格，通常是各分部工程按照若干不同的分项工程（子目）归类、排序所列的项目表，它是消耗量定额的核心，其表达形式见表1-2。消耗量定额项目表一般包括以下方面：

表1-2 消耗量定额项目表

玻璃地砖

工作内容：清理基层、试排弹线、铺贴饰面、清理净面。　　计量单位：m^2

<table>
<tr><td colspan="4">定额编号</td><td>1-073</td><td>1-074</td><td>1-075</td><td>1-076</td><td>1-077</td><td>1-078</td></tr>
<tr><td colspan="4" rowspan="3">项目</td><td colspan="6">镭射玻璃砖</td></tr>
<tr><td colspan="3">8mm 厚单层钢化周长/mm 不超过</td><td colspan="3">(8+5)mm 厚夹层钢化玻璃 周长/mm 不超过</td></tr>
<tr><td>2000</td><td>2400</td><td>3200</td><td>2000</td><td>2400</td><td>3200</td></tr>
<tr><td colspan="2">名称</td><td>单位</td><td>代码</td><td colspan="6">定额消耗量</td></tr>
<tr><td>人工</td><td>综合人工</td><td>工日</td><td>000001</td><td>0.3500</td><td>0.3600</td><td>0.3640</td><td>0.3330</td><td>0.3400</td><td>0.3470</td></tr>
<tr><td rowspan="7">材料</td><td>镭射玻璃(8+5)mm 400mm×400mm</td><td>m^2</td><td>AH0254</td><td></td><td></td><td></td><td>1.0200</td><td></td><td></td></tr>
<tr><td>镭射玻璃(8+5)mm 500mm×500mm</td><td>m^2</td><td>AH0255</td><td></td><td></td><td></td><td></td><td>1.0200</td><td></td></tr>
<tr><td>镭射玻璃 400mm×400mm</td><td>m^2</td><td>AH0257</td><td>1.0200</td><td></td><td></td><td></td><td></td><td></td></tr>
<tr><td>镭射玻璃 500mm×500mm</td><td>m^2</td><td>AH0258</td><td></td><td>1.0200</td><td></td><td></td><td></td><td></td></tr>
<tr><td>镭射玻璃 800mm×800mm</td><td>m^2</td><td>AH0259</td><td></td><td></td><td>1.0200</td><td></td><td></td><td></td></tr>
<tr><td>镭射玻璃(8+5)mm 800mm×800mm</td><td>m^2</td><td>AH0261</td><td></td><td></td><td></td><td></td><td></td><td>1.0200</td></tr>
<tr><td>玻璃胶 350g</td><td>支</td><td>JB0342</td><td>0.9500</td><td>0.8400</td><td>0.7560</td><td>0.8900</td><td>0.8030</td><td>0.8030</td></tr>
</table>

注：本表摘自2002年《全国统一建筑装饰装修工程消耗量定额》。

1）表头。项目表的上部为表头，实质为消耗量标准的分节内容，包括分节名称、分节说明（分节内容），主要说明该节的分项工作内容。

2）项目表的分部分项消耗指标栏。

表的右上方为分部分项名称栏，其包括分项名称、定额编号、分项做法要求，其中右上角表明的是分项计量单位。

项目表的左下方为工、料、机名称栏，其内容包括：工料名称、工料代号、材料规格及质量要求。

项目表的右下方为分部分项工、料、机消耗量指标栏，其内容表明完成单位合格的某分部分项工程所需消耗的工、料、机的数量指标。

项目表的底部为附注，它是分项消耗量定额的补充，具有与分项消耗量指标同等的地位。

（4）附录。消耗量定额附录本身并不属于消耗量定额的内容，而是消耗量定额的应用参考资料，一般包括装饰工程材料损耗率表等资料。附录通常列在消耗量定额的最后，作为消耗量定额换算和编制补充消耗量定额的基本参考资料。

2. 建筑装饰工程消耗量定额的编号

编制消耗量定额时，为规范消耗量定额的排版与方便消耗量定额应用的要求，必须对消耗量定额的分部分项项目进行编号，通常采用的编号类型有："数码型"、"数符型"。其中数符型又有"单符型"、"多符型"之分。现行《全国统一建筑装饰装修工程消耗量定额》中，其分部分项项目的编号采用的是"数符型"编号法。在数符型编码中，通常前面的数字表示章（分部）工程的顺序号，后一组数据表示该分部（章）工程中某分项工程项目或子目的顺序号，中间由一个短线相隔。其表达形式如图1-1所示。

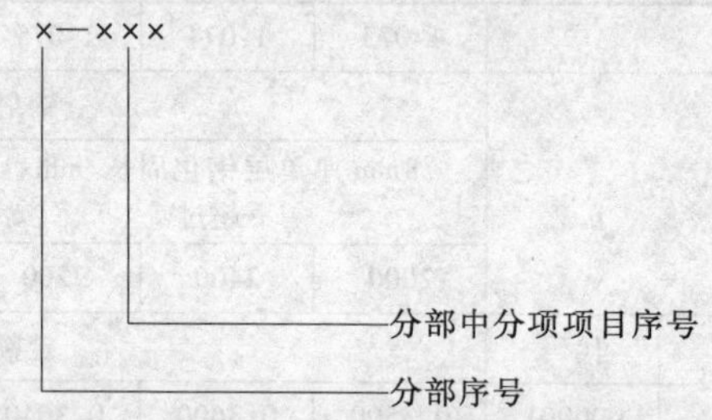

图1-1　建筑装饰工程消耗量定额编号的含义

例如：某装饰装修工程楼、地面装饰为玻璃地砖楼面8mm厚单层钢化砖周长不超过2000mm。查《全国统一建筑装饰装修工程预算消耗量定额》得：楼、地面装饰工程：玻璃地砖楼地面项目的消耗量定额编号为：1—073。

1.3.2　建筑装饰装修工程消耗量定额的应用

建筑装饰工程预算消耗量定额是编制预算单位估计表、采用"工料单价法"确定装饰工程预算造价主要依据之一，消耗量定额应用的正确与否，直接影响到建筑装饰工程造价的准确计算。因此，工程造价工作人员必须熟练掌握建筑装饰工程预算消耗量定额的应用法则。熟悉各分部分项（章节）消耗量定额的工程内容和项目表的结构形式，正确理解建筑装饰工程的工程量计算规则，明确消耗量定额换算范围，掌握一般工程项目换算和调整办法的规定。建筑装饰工程预算消耗量定额应用方法主要有直接套用法、分项换算法、消耗量定额项目的补充情况。

1. 直接套用法

建筑装饰工程消耗量定额的直接套用，当建筑装饰工程设计施工图所确定的工程项目特征（施工内容、材料品种、规格、工程做法等），与所选套的相应消耗量定额分项子目的内容一致时，或者虽有局部不同但规则规定不能调整者，则可直接套用消耗量定额。

在编制建筑装饰工程施工图预算和确定建筑装饰工程各生产要素需用量时，绝大部分都属于这种情况。直接套用法应用的主要步骤如下：

（1）根据建筑装饰工程设计施工图样，按照装饰工程分项内容排列分项项目，并从消耗量定额目录中查出该项目所在消耗量定额中的排序，确定工程分项项目的编号。

（2）明确装饰工程项目与消耗量定额子目规定的内容是否一致。当完全一致或虽然不完全一致，但消耗量定额规定不允许换算或调整时，即可直接套用消耗量定额指标。在套用消耗量定额之前，应当注意复核分项工程的名称、分项做法、用料规格、计量单位与消耗量定额分项子目规定的是否相符。

（3）根据选套的消耗量定额编号查得消耗量定额中分项子目的人工、材料和机械台班消耗量标准，将其分别列入建筑装饰工程资源耗量计算表内。

（4）计算确定建筑装饰工程项目所需人工、材料、机械台班的消耗量。其计算公式如下

$$\text{工程分项人工需用量} = \text{装饰分项工程量} \times \text{相应分项人工消耗指标} \quad (1\text{-}14)$$

$$\text{工程分项某种材料需用量} = \text{装饰分项工程量} \times \text{相应分项某种材料消耗指标} \quad (1\text{-}15)$$

$$\text{工程分项某种机械台班量} = \text{装饰分项工程量} \times \text{相应某种机械台班消耗指标} \quad (1\text{-}16)$$

【例 1-3】 某工程建筑装饰装修施工图标明：玻璃砖舞池的地面做法为：8mm 厚单层钢化砖；规格 400mm × 400mm，玻璃胶粘结嵌缝；工程量为：267.58m^2，试确定该项目的人工、材料、机械台班的消耗量。

【解】 根据该装饰装修工程设计图样说明的工程分项内容，按照《全国统一建筑装饰装修工程消耗量定额》：

① 从《全国统一建筑装饰装修工程消耗量定额》目录中查得：玻璃砖楼、地面装饰分项项目在第一章第五节玻璃砖楼、地面装饰工程，分部分项排序为：该分部的第 73 子项。

② 装饰工程分项项目的工作内容分析：查《全国统一建筑装饰装修工程消耗量定额》并核实设计施工图样及设计说明，该工程玻璃砖楼、地面，面层分项工程内容与消耗量定额分部分项项目规定的内容完全符合，即可直接套用消耗量定额项目。

③ 从《全国统一建筑装饰装修工程消耗量定额》项目表中查得：该项目消耗量定额编号为 1—073，每平方米玻璃砖楼地面面层的分项消耗量指标见表 1-2。

④ 计算确定该工程玻璃砖地面装饰分项工程人工、材料、机械台班的消耗量。

根据分项工程的工程数量，按照消耗量定额查得的消耗量指标，分别代入计算公式

人工需用量：　267.58 × 0.35 工日 = 93.65 工日

玻璃砖需用量：　267.58 × 1.02m^2 = 272.93m^2

玻璃胶需用量：　267.58 × 0.95 支 = 254.20 支

由此类推，计算所有分项工程的工、料、机需用量。同理，对拟建工程所有分项工程进行统计计算，累计汇总，则得到整个建筑装饰工程项目的人工、材料、机械台班的需用量。

【例 1-4】 某工程建筑装饰设计图标明：墙面为硬木板条墙面，工程量为 123.65m^2，试确定该项目的人工、材料、机械台班的消耗量。

【解】 根据该装饰装修工程设计图样说明的工程分项内容，按照《全国统一建筑装饰装修工程消耗量定额》：

① 从《全国统一建筑装饰装修工程消耗量定额》目录中查得：硬木板条墙面装饰分项项目在第二章第三节硬木板条墙面装饰工程，分部分项排序为：该分部的第 211 子项。

② 装饰工程分项项目的工作内容分析：查《全国统一建筑装饰装修工程消耗量定额》并核实设计施工图样及设计说明，该工程硬木板条墙面面层分项工程内容与消耗量定额分部分项项目规定的内容完全符合，即可直接套用消耗量定额项目。

③ 从《全国统一建筑装饰装修工程消耗量定额》项目表中查得：该项目消耗量定额编号为 2—211，每平方米硬木板条墙面面层、分项消耗量指标见表 1-3。

表 1-3　每平方米硬木板条墙面面层、分项消耗量指标

3. 面层

工作内容：1. 铺定面层、钉压条、清理等全面操作过程。

2. 硬木条包括踢脚线部分　　　　　　　　　　　　　　　　　计量单位：m^2

定额编号				2-210	2-211	2-212	2-213	2-214	2-215
项　目				硬木条吸声墙面	硬木板条墙面	石膏板墙面	竹片内墙面	电化铝板墙面	铝合金装饰板墙面
名　称		单位	代码	定额消耗量					
人工	综合工日	工日	000001	0.3519	0.2576	0.0978	0.2500	0.2082	0.1679
材料	石膏板（饰面）	m^2	AG0521			1.0500			
	镀锌半圆头螺钉	kg	AN0100				0.0727		
	铁钉（圆钉）	kg	AN0580	0.0839	0.0428	0.0508			
	镀锌铁丝 22#	kg	AN2420				0.1306		
	钢板网	m^2	AN2612	1.0500					
	硬木锯条	m^3	CB0030	0.0234	0.0245				
	半圆竹片 $\phi20$	m^2	CE0130				1.0500		
	超细玻璃棉	kg	HB0720	1.0526					
	嵌缝膏	kg	JA2410			0.0195			
	电化铝装饰板宽 100mm	m^2	AG0820					1.0600	
	镀锌螺钉	个	AM9241						25.0612
	铝拉铆钉	个	AN0620					20.6633	
	铝合金条板宽 100mm	m^2	DB0091						1.0600
	铝收口条压条	m	DB0370						1.0589
	电化角铝 25.4×2mm	m	DB0450					1.7760	
	SY-19 胶	kg	JB1140					0.0105	
机械	木工圆锯机 $\phi500$	台班	TM0310	0.0117	0.0173				
	木工压刨床	台班	TM0322	0.0178	0.0232				

注：本表摘自 2002 年《全国统一建筑装饰装修工程消耗量定额》。

④ 计算确定该工程硬木板条墙面面层装饰分项工程人工、材料、机械台班的需用量。

根据分项工程的工程数量，按照消耗量定额查得的消耗量指标，分别代入计算公式

综合工日：　　123.65 × 0.2576 工日 = 31.85 工日

铁钉：　　123.65 × 0.0428kg = 5.29kg

硬木锯条：　　123.65 × 0.0245m^3 = 3.03m^3

木工圆锯机 $\phi500$：　　123.65 × 0.0173 台班 = 2.14 台班

木工压刨床：　　123.65 × 0.0232 台班 = 2.88 台班

2. 分项换算法

建筑装饰装修工程消耗量定额换算的条件是：当建筑装饰工程设计施工图样中标明的工程项目内容与所选套的建筑装饰工程消耗量定额的分项子目规定的内容不相同时，且消耗量定额规则规定允许换算或调整者，则应对消耗量定额项目的分项消耗量标准进行换算，并采

用换算后的消耗量作为分项项目的消耗量标准。

建筑装饰装修工程消耗量定额换算的基本思路是：根据装饰装修工程设计施工图样标明的装饰分项工程的实际内容，选定某一消耗量定额子目（或者相近的消耗量定额子目），按消耗量定额规定换入应增加的资源，换出应扣除的资源。对于所有的建筑装饰分项工料换算都可以用下面的计算通式表述

分项换算后资源消耗量 = 分项消耗量定额资源量 + 换入资源量 - 换出资源量（1-17）

建筑装饰装修工程消耗量定额换算应注意的问题是：一是建筑装饰装修工程消耗量定额的换算必须在消耗量定额规则规定的范围内进行换算或调整；二是当建筑装饰装修工程分项消耗量定额换算后，表示方法上应在其消耗量定额编号左或右侧注明“换”字，以示区别，如3-076换（换3-076）。

按照现行的《全国统一建筑装饰装修工程消耗量定额》，装饰装修工程预算造价编制中常见的有关消耗量定额换算有如下几种：

（1）系数换算。系数换算是指根据消耗量定额中规定的系数，对其分项的人工、材料、机械等消耗指标进行调整的方法。其换算的计算公式为

分项换算后资源消耗量 = 分项定额资源消耗量 + (K - 1) × 调整部分消耗量（1-18）

此类换算在工程计价过程中用得比较多，方法比较简单，但在使用时应注意以下几个问题：

1）要严格按照消耗量定额规定的系数进行换算。

2）要注意正确区分消耗量定额换算系数所指的换算范围，换算消耗量定额分项中的全部或工、料、机的局部指标量。

3）正确确定项目换算的建筑计算基数。

【例1-5】 某建筑外墙面为锯齿形，墙面采用水刷石饰面，经计算工程量为78.56m^2，试计算该分项工程工、料、机的消耗量。

【解】

① 查《全国统一建筑装饰装修工程预算消耗量定额》选定装饰分项项目2—005，该分项消耗量指标见表1-4。

表1-4　定额每平方米用量

综合人工	水泥砂浆1:3	水泥白石子浆1:1.5	108胶素水泥浆	水	灰浆搅拌机200L
0.3669工日	0.0139m^3	0.0116m^3	0.0010m^3	0.0283m^3	0.0042台班

② 查分项说明规定：圆弧形、锯齿形等不规则墙面抹灰、镶贴块料按相应项目人工乘以系数1.15，材料乘以系数1.05。根据表1-4中的有关数据，按分项说明规定，首先对该分项进行定额含量的换算，计算如下：

换算后分项定额工、料消耗量标准：

综合人工　0.3669×1.15工日=0.422工日

水泥砂浆1:3　0.0139×1.05m^3=0.0146m^3

水泥白石子浆1:1.5　0.0116×1.05m^3=0.01218m^3

108胶素水泥浆　0.0010×1.05m^3=0.00105m^3

水　0.0283×1.05m^3=0.02972m^3

③ 按换算后分项定额工、料消耗量标准，计算分项工程量为 78.56m^2 时的工、料、机的消耗量。

综合人工　　78.56×0.422 工日 = 33.15 工日

水泥砂浆 1∶3　　78.56×0.0146m^3 = 1.15m^3

水泥白石子浆 1∶1.5　　78.56×0.01218m^3 = 0.96m^3

108 胶素水泥浆　　78.56×0.00105m^3 = 0.08m^3

水　　78.56×0.02972m^3 = 2.33m^3

灰浆搅拌机 200L　　78.56×0.0042 台班 = 0.33 台班

(2) 材料配合比不同的换算。配合比材料，包括混凝土、砂浆、保温隔热材料等，这里主要指用于装饰装修工程的抹灰砂浆。由于装饰砂浆配合比的不同，引起相应某些资源的变化而导致直接工程费发生变化时，消耗量定额规定通常都是可以进行换算的。其换算的计算公式为

分项换算后资源消耗量 = 分项资源消耗量 + 配合料消耗量 ×

(换入材料单位用量 − 换出材料单位用量)　　(1-19)

(3) 装饰抹灰厚度不同的换算。对于装饰抹灰砂浆的厚度，如设计与消耗量定额取定不同时，消耗量定额规定可以换算抹灰砂浆的用量，其他不变。其换算公式为

分项资源换算消耗量 = 分项某资源消耗标准量 + $(k-1)$ × 配合比料消耗量标准　　(1-20)

式中　k——表示装饰抹灰厚度调整系数，按下式计算

k = 设计抹灰厚度/消耗量定额取定的抹灰厚度

(4) 材料用量不同的换算。材料用量的换算，主要是由于施工图样设计采用的装饰材料的品种、规格与选套消耗量定额项目取定的材料品种、规格不同所致。换算时，应先计算装饰材料的用量差，然后再换算基价。其计算公式为

换算后材料消耗量定额量 = 消耗量定额指标量 + (某材料实际用量 − 该材料消耗量定额用量)　　(1-21)

式中，某材料实际用量应根据设计图示工程量及该材料实际耗用量按下式计算

$$\text{定额单位材料实际耗量} = \frac{\text{分项定额计量单位} \times \text{材料实际用量}}{\text{工程分项项目工程量}} \times (1 + \text{材料定额消耗率}) \quad (1\text{-}22)$$

【例 1-6】 某单位工程制作安装铝合金地弹门 3.0 樘，根据施工图大样地弹门为：双扇带上亮无侧亮，门洞尺寸（宽×高）为 1800mm×3000mm，上亮高 600mm，框料规格为 101.6mm×44.5mm×2mm，按框外围尺寸（1750mm×2975mm，α = 2400mm）计算得型材实际净用量为 105.40kg，试计算确定该地弹门制作工程分项的消耗量标准。

【解】

① 查《全国统一建筑装饰装修工程预算消耗量定额》4—004 有：带上亮无侧亮双扇地弹门每平方米洞口面积制作安装的消耗量标准为：铝合金型材（框料规格 101.6mm×44.5mm×1.5mm）消耗量定额用量为 6.328kg，查消耗量定额材料损耗率表铝合金型材损耗率为 6%，型材单价为 19.24 元/kg。

② 计算消耗量定额单位铝合金型材实际用量。

$$地弹门工程量 = 1.8 \times 3.0 \times 3.0\text{m}^2 = 16.2\text{m}^2$$

计算每 1m^2 洞口面积型材实际用量：

根据题意，按照设计图样计算的结果，将有关数据代入式（1-22），有

$$定额单位型材实际用量 = [(1 \times 105.4)/16.2] \times (1 + 6.0\%)\text{kg} = 6.897\text{kg}$$

每 1m^2 洞口面积换算后型材用量：

根据题意，按照设计图样计算以及以上计算结果，将有关数据代入式（1-21），有

$$换算后定额单位型材耗量 = 6.328 + (6.897 - 6.328)\text{kg} = 6.897\text{kg}$$

3. 消耗量定额项目的补充情况

在工程施工图样中，由于工程设计人员设计思想、设计风格的变化，建筑装饰装修工程中不断出现新结构、新材料、新工艺，以及各工程建设地区技术与经济条件的差别等原因，通常都会遇到《全国统一建筑装饰装修工程消耗量定额》缺项的情况。在这种情况下，为满足报价要求，必须编制补充消耗量定额项目。施工企业根据施工过程的实际消耗状况，编制新的分项工程消耗量指标。

思考题与习题

1. 何谓建筑装饰装修工程定额？它有何作用？
2. 建筑装饰装修工程定额具有哪些性质？如何分类？
3. 何谓劳动定额、材料消耗量定额、机械台班使用量定额？其指标如何确定？
4. 《全国统一建筑装饰工程消耗量定额》的组成内容有哪些？
5. 在使用《全国统一建筑装饰工程消耗量定额》时，通常有哪几种情况？
6. 举例说明《全国统一建筑装饰工程消耗量定额》有哪些套用方法。
7. 某装饰工程依据施工图计算地面化纤地毯工程量为 879.43m^2，试对该分项工程进行人、材、机分析。

第2章 建筑装饰装修工程人工、材料、机械台班单价的确定

知识点：建筑装饰工程人工、材料、机械台班单价的确定方法，分项工程定额单价的组成及应用。

教学目标：通过教学使学生具备以下两方面的能力：

(1) 根据当地建筑市场情况，确定装饰工程人工、材料、机械台班的单价，确定分项工程定额单价。

(2) 根据当地建筑市场情况确定装饰工程定额单位估价表，计算分项工程定额直接费。

2.1 人工单价

2.1.1 人工单价的概念

1. 人工单价的概念

人工单价也称工资单价，是指一个建筑安装工人工作一个工作日应得的劳动报酬，故又有日工资之称。工作日是一个工人工作一个工作日，按我国劳动法的规定，一个工作日的劳动时间为8.0h，简称“工日”。劳动报酬应包括一个人物质需要和文化需要的应得报酬。具体地讲，应包括本人衣、食、住、行、生、老、病、死等基本生活的需要，以及精神文化的需要，还应包括本人基本供养人口（如父母及子女）的需要。

2. 人工单价的组成

人工日工资单价由基本工资、工资性补贴、辅助工资、福利费、劳动保护费等组成。

(1) 基本工资。指按企业工资制度应支付给建筑安装生产工人的工资，它包括为满足生产工人本人穿衣、吃饭等支出的费用。

(2) 工资性补贴。指类似工资性质的补贴，为补偿工人额外的特殊的劳动消耗和为保证工人工资水平不受特殊条件影响，而以补贴形式支出给工人的费用。它包括交通补贴、住房租金补贴、流动施工补贴、地区补贴等内容。

(3) 辅助工资。指生产工人年有效施工天数以外非作业天数的工资。包括职工学习培训期间的工资，调动工作、休假期间的工资，因气候影响的停工工资，女工哺乳期间的工资，病假在六个月以内的工资及产、婚、丧假期的工资。

(4) 福利费。指按有关规定标准计提的职工福利费。包括书报费、洗理费、防暑降温及取暖费等内容。

(5) 劳动保护费。指按有关规定标准发放的劳动保护用品、生产工人在有碍身体健康环境中从事工作的保健津贴等费用。

2.1.2 人工单价的影响因素

1. 社会平均工资水平

建筑安装工程人工工资单价水平应当和社会平均工资水平趋同。社会平均工资水平取决于社会经济发展水平。由于我国改革开放以来经济迅速增长，社会平均工资水平有了大幅增长，从而使得建筑安装工程人工工资单价已有大幅的提高。

2. 生产费指数

生产费指数反映不同时期、不同地域的产品生产费用支付状况。为防止人们生活水平的下降或维持人们的正常生活水平，地方生产费指数提高的同时必须考虑提高工人的日工资单价。生活消费指数的变动决定于物价的变动，特别是生活消费品价格的变动情况的影响尤为明显。

3. 人工单价的组成内容

在社会主义市场经济条件下，人工日工资单价由市场形成，人工工资内容构成越多，也人工单价就越高。

4. 劳动力市场供需变化

劳动力市场供需状况变化必然引起人工工资单价发生变化。当市场劳动力供不应求，人工工资单价就会提高；市场劳动力供大于求，市场竞争激烈，人工工资单价就会下降。

5. 政府推行的相关政策

政府推行的有关政策对劳动力具有某种程度上调节作用，社会保障制度和福利政策的推行会影响人工工资单价的变动。

2.2 材料预算价格

2.2.1 材料预算价格的概念及组成

1. 材料预算价格的概念

材料预算价格是指材料（包括构件、成品及半成品等）从其来源地（或交货地点）到达施工工地仓库或堆放场地后的出库价格。

2. 材料预算价格的组成

材料预算价格包括在组织材料过程中及在施工时耗费的原材料、辅助材料（构配件、零件、半成品）等的全部费用。材料价格构成可用简图示意，如图 2-1 所示。

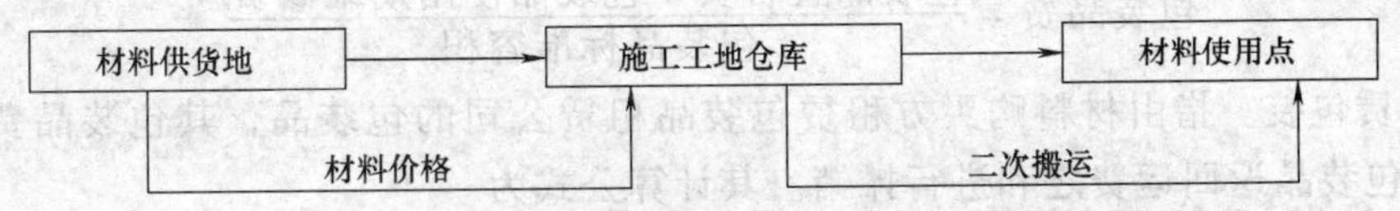

图 2-1 材料价格构成示意简图

材料预算价格一般由材料原价、供销部门手续费、包装费、运输费、采购及保管费等组成。

2.2.2 材料预算价格的确定

1. 材料原价的确定

材料原价是指材料的出厂价、市场批发价、零售价以及进口材料的调拨价等。

在确定材料原价时，当同一种材料来自不同购买地或购买单价不同时，应根据不同的供货数量及单价，采用加权平均的办法计算其材料的平均原价。其计算公式为

$$平均原价 = \sum(各来源地供货权数 \times 各来源地材料原价) \tag{2-1}$$

$$平均原价 = \frac{\sum(各来源地供货量 \times 各来源地材料原价)}{\sum(各来源地供货总量)} \tag{2-2}$$

式中，供货权数 = 各来源地供货数量/总的供货数量

2. 供销部门手续费的确定

材料的供销部门手续费是指根据国家和地方政府现行的物资供应管理体制或者市场供应状况，不能直接向生产单位采购订购，需经过当地物资部门或供应公司供应时应收取的经营管理费用。供销手续费按照规定的费率计取，其计算公式为

$$供销手续费 = 材料原价 \times 供销手续费率 \tag{2-3}$$

供销手续费费率一般由有关主管部门规定，通常不同类别的材料供销手续费费率也不一样。建筑材料一般为3.0% ~6.0%。

3. 包装费

包装费是为使材料在搬运、保管中不受损失或便于运输而对材料进行包装发生的费用。包装费按照提供方式的不同，有以下三种情形：

（1）原带包装。指包装品由材料生产商提供，其包装费已计入材料原价中，不再另行计算，但应扣除包装品的回收价值。

包装器材的回收价值，如地区有规定者，按照地区规定计算；地区如无规定者，可根据实际情况，参照一定比例确定。

$$包装材料回收率值 = 包装费 \times 回收率 \times 残值率 \tag{2-4}$$

式中　回收率——包装材料的回收比率，按下式计算

$$回收率 = (包装材料的回收量/包装材料的发生量) \times 100\%$$

残值率——回收包装材料的价值与原包装材料价值的比率，按下式计算

$$残值率 = (回收包装材料的价值/原包装材料的价值) \times 100\%$$

（2）自备包装。指包装品由材料购买商自备，其包装品费应按包装品置备与维修费用之和进行摊销。其计算公式为

$$包装品费 = \frac{包装品置备费 + 包装品使用期维修费}{包装品标准容积} \tag{2-5}$$

（3）租赁包装。指由材料购买方租赁包装品租赁公司的包装品，其包装品费应按包装品租赁金与包装品返回运费之和进行摊销。其计算公式为

$$包装品费 = \frac{包装品租赁费 + 包装品返回运费}{包装品标准容积} \tag{2-6}$$

4. 运杂费

材料的运杂费是指材料由采购地点至工地仓库的全程运输费用。运杂费用包括车船运输

费、起重机和驳船费、出入仓库费、装卸费及合理的运输损耗等项内容。

（1）材料运输费。材料的运输费用应按照国家有关部门和地方政府交通运输部门的规定计算。对于同一品种的材料如有若干个来源地，其运输费用应根据材料来源地、运输里程、运输方法和运价标准，采用加权平均的方法计算运输费。平均运输费按下式计算

$$平均运输费=\frac{\sum(各来源地供货量\times各来源地运杂费)}{\sum(各来源地供货总量)} \tag{2-7}$$

（2）运输损耗。材料的运输损耗是指材料在运输过程中不可避免的损耗费用。运输损耗一般按材料到库前价格的比率综合计取，也可以按市场价格计取；可以计入运输费用中，也可以单独列项计算。其计算公式为

$$材料运输损耗=(材料原价+供销手续费+包装费+运输费)\times运输损耗率 \tag{2-8}$$

5. 采购及保管费

采购及保管费是指材料供应过程中为材料的组织、采购和保管所发生的各项必要费用。采购及保管费通常按材料出库前价格的比率进行计取。采购及保管费率一般综合取定值为2.5%左右。

$$材料采购及保管费=(材料原价+供销手续费+包装费+运杂费+运输损耗)\times采购及保管费率 \tag{2-9}$$

6. 材料价格的确定

材料价格的计算公式：根据材料价格的组成，按照各项费用算法，其计算公式

$$\begin{aligned}材料价格=&[材料原价(1+供销手续费率)+包装费+运输费]\times\\&(1+运损率)\times(1+采、保费率)-包装品回收值\end{aligned} \tag{2-10}$$

【例 2-1】 某地区某工程，建筑装饰装修工程用乳胶漆由甲、乙、丙三个生产厂供应：甲厂 40t，单价为 2380 元/t；乙厂 40t，单价为 2390 元/t；丙厂 20t，单价为 2400 元/t。供销手续费率为 2.50%，包装品由材料生产时提供，其包装费已计入材料原价中，甲、乙、丙地乳胶漆的装卸费分别为 7.50 元/t、8.00 元/t、9.50 元/t，运输费分别为 12.50 元/t、11.50 元/t、15.50 元/t，材料运输损耗为 1.0%，采购及保管费率为 2.5%。求该批乳胶漆的材料预算价格。

【解】

（1）乳胶漆的平均原价：

采用加权系数法计算：

$$[(40/100)\times2380+(40/100)\times2390+(20/100)\times2400]元/t=(952+956+480)元/t=2388元/t$$

采用总金额法计算：

$$(40\times2380+40\times2390+20\times2400)/(40+40+20)元/t=2388元/t$$

（2）供销部门手续费：

$$供销部门手续费=\frac{(40\times2380+40\times2390+20\times2400)\times2.5\%}{40+40+20}元/t=59.7元/t$$

（3）包装费：包装费已计入材料原价中，不再另行计算。

（4）运杂费：

$$1)\ 平均装卸费=\frac{(40\times7.5+40\times8.0+20\times9.5)}{40+40+20}元/t=8.10元/t$$

2）平均运输费 $=\dfrac{(40\times12.5+40\times11.50+20\times15.5)}{40+40+20}$元/t = 12.7 元/t

3）材料运输损耗 =(2388 +59.70 +8.10 +12.7)×1.0% 元/t = 24.68 元/t

（5）采购及保管费：

材料采购及保管费 =(2388 +59.7 +8.10 +12.7 +24.68)×2.50% 元/t =436.4 ×2.5% =62.33元/t

（6）材料预算价格的确定：

材料预算价格 =[(2388 +59.7 +8.10 +12.7 +24.68 +62.33) −0]元/t =2555.51元/t

2.3 施工机械台班单价

2.3.1 施工机械台班单价的概念及组成

1. 施工机械台班单价的概念

施工机械台班单价又称为施工机械台班使用费，它是指一台施工机械在正常运转的条件下，工作一个台班所发生的分摊和支出的费用。每台机械工作 8h 为一个台班。

施工机械台班费是编制建筑装饰工程造价的基础单价之一，在实际应用中它是施工企业进行施工机械费成本核算的主要依据，其水平的高低直接影响建筑装饰工程造价和企业的经济效益。合理计算确定建筑装饰工程施工机械台班费，对促进施工机械化水平的提高和降低工程造价都有重要的意义。

2. 施工机械台班单价的组成

建筑装饰工程施工机械台班单价按照有关规定由七项费用组成。这些费用按其性质分类，划分为一类费用、二类费用。

（1）第一类费用。第一类费用是指固定费用，又称不变费用，通常指不因工程建设地的经济环境和资源条件的不同而发生大的变化的那一部分费用。其内容包括：折旧费、修理费、经常修理费、安拆费及场外运输费。

（2）第二类费用。变动费用又称可变费用，通常指因工程建设地的经济环境和资源条件的不同而有较大变化的费用。包括机上人员工资，燃料、动力费，车船使用税，养路费，牌照费，保费等。

2.3.2 施工机械台班单价的确定

1. 施工机械折旧费

施工机械折旧费是施工机械在规定的使用期限（耐用总台班）内，应陆续收回其原值及支付贷款利息的费用。通常按每一个机械台班所摊销的费用进行计算。其计算式为

$$台班折旧=\frac{施工机械购买价\times(1-残值率)+贷款利息}{机械耐用总台班} \tag{2-11}$$

式中 施工机械购买价——由机械生产厂的出厂（或到岸完税）价格和生产厂（或销售单位交货地点）运至使用单位机械管理部门验收入库的全部费用组成。其计算式可表述为

$$机械购买价=机械原价\times(1+机械购置附加费率)+手续费+运杂费 \tag{2-12}$$

残值率——指机械报废时，其回收的残余价值与其原值的比率。施工机械残值率，各地有规定时按规定计算，其计算式为

残值率 =（机械残余价值/机械原值）×100%

机械耐用总台班——指施工机械从开始投入使用到报废前所能使用的总台班数，其计算公式为

$$耐用总台班 = 大修理间隔台班 \times 大修理周期 \tag{2-13}$$

2. 机械大修理费

施工机械大修理费是指为恢复和保持施工机械的正常使用功能，按规定的大修理间隔台班进行必须的大修理所需开支的费用。其计算式为

$$台班大修理费 = \frac{一次大修理费 \times (大修理周期 - 1)}{机械耐用总台班} \tag{2-14}$$

3. 经常修理费

经常修理费是施工机械在寿命期内除大修理以外的各级保养及临时故障排除所需的各项费用，为保障施工机械正常运转所需替换设备的费用，随机使用工具器具的摊销和维护费用，机械运转与日常保养所需的油脂费用，擦拭材料费用和机械停歇期间的正常维护保养费用等，通常采用以下公式计算

$$施工机械经常修理费 = 施工机械台班大修理费 \times K \tag{2-15}$$

式中 K——施工机械台班经常维修系数，机械台班经常维修系数等于机械台班经常维修费与机械台班大修理费的比值。

4. 安拆费及场外运费

台班安拆费是施工机械在施工现场进行安装和拆卸所需的人工费、材料费、机械费、运转费以及安装所需的辅助设施费用。

台班场外运费是施工机械整体或分件从停放场地运至施工现场或由一个工地运至另一工地，运距在25km以内的机械进出场运输及转移费用，同时还应包括施工机械的装卸、运输、辅助材料及架线等费用。安拆费及场外运费计算公式为

$$台班安拆费 = \frac{一次安拆费 \times 年均安拆次数 + 辅助设施费}{机械年工作台班} \tag{2-16}$$

$$台班场外运费 = \frac{(一次运输装卸费 \times 辅材一次摊销费 + 一次架续费) \times 年均外运次数}{机械年工作台班} \tag{2-17}$$

5. 机上人工费

机上人工费是指施工机械所需人员的工资，包括机上操作人员及随机人员的工资及津贴等。其计算公式为

$$机上人工费 = 额定机上操作及随机人员数 \times 日工资单价 \tag{2-18}$$

6. 燃料动力费

燃料动力费是指施工机械在运转作业中所耗用的电力、固体燃料、液体燃料、水力等资源费。

$$燃料动力费 = 机械额定燃料动力消耗量 \times 燃料动力单价 \tag{2-19}$$

7. 车船使用税、费

车船使用税、费是指根据国家及地方政府主管部门的有关规定应交纳的养路费和车船使用税，其计算公式如下

$$车船使用税、费=\frac{年养路费+年车船使用税+车辆检测费+交通道路实施费+牌照费}{机械年工作台班} \quad (2\text{-}20)$$

8. 保险费

保险费指按有关规定应缴纳的第三者责任险、车主保险费等。

2.4 建筑装饰装修分项工程单价

2.4.1 建筑装饰装修分项工程单价的概念

建筑装饰工程分项单价系指完成单位装饰分项工程所应支付的费用。分项工程单价，一般是指建筑装饰产品的不完全价格，通常是指预算价格和概算单价。

分项工程单价是在采用单位估价法编制工程概算、预算时形成的特有概念。在价格比较稳定或价格指数比较完整、准确的情况下，可以编制出统一的地区工程单价，可以简化概预算的编制工作。

分项工程单价是建筑装饰产品的不完全价格，是按预算定额、概算定额和人工单价、材料预算价格、机械台班单价计算的分项工程直接费用。

2.4.2 建筑装饰装修分项工程单价的种类

1. 按工程单价的适用对象划分

分为建筑工程单价、装饰工程单价、安装工程单价、市政工程单价和园林工程单价等。

2. 按用途划分

分为预算单价和概算单价。

3. 按适用范围分

分为地区单价和个别单价。

4. 按编制依据划分

分为定额单价和补充单价。

5. 按编制综合程度划分

(1) 基本直接费单价。如预算定额中的“基价”，只包括人工费、材料费、机械台班费。

(2) 全费用单价。除基本直接费外，还包括现场经费、其他直接费和间接费等全部成本费用。

(3) 完全单价。在单价中即包含成本，也包含利润和税金。

2.4.3 建筑装饰装修分项工程单价的用途

（1）工程单价是确定和控制工程造价的基本依据，在确定和控制工程造价方面有着重要的作用。

（2）工程单价可用来编制地区统一工程单价，简化编制概预算的工作量和缩短工作周期，同时为投标报价提供依据。

（3）工程单价是对设计方案进行经济比较，优化设计的依据。

（4）工程单价是进行工程款期中结算的重要依据。

2.4.4 建筑装饰装修分项工程单价的确定

（1）建筑装饰装修分项工程单价由分项人工费、分项材料费和分项机械费组成，工程实际中按照建筑装饰装修工程消耗量定额，根据工程建设地的当期人工、材料和施工机械台班单价，计算确定装饰工程的分项工程单价。其计算公式如下

$$\text{分项工程单价} = \text{分项人工费} + \text{分项材料费} + \text{分项机械费} \tag{2-21}$$

式中

$$\text{分项人工费} = \text{定额分项综合用工量} \times \text{人工日工资标准} \tag{2-22}$$

$$\text{分项材料费} = \sum(\text{定额分项材料用量} \times \text{材料预算价格}) + \text{其他材料费} \tag{2-23}$$

$$\text{分项机械费} = \sum(\text{定额分项机械台班用量} \times \text{机械台班单价}) \tag{2-24}$$

（2）全费用单价的计算公式如下

分项工程全费用单价 = 单位分项工程基本直接费 + 其他直接费 + 现场经费 + 间接费

其中，其他直接费、现场经费、间接费一般按规定的费率及其计算基础计算，或按综合费率计算。

2.5 建筑装饰装修工程预算定额的应用

2.5.1 建筑装饰装修工程预算定额组成

建筑装饰工程预算定额（又称计价定额）是指在正常施工技术组织条件下，为完成一定计量单位合格建筑装饰产品所需要消耗的人工、材料、机械台班的数量标准。

建筑装饰工程预算定额的两种表现形式：

1. 建筑装饰工程预算定额消耗量的表现形式

它所反映的是为完成一定计量单位合格建筑装饰产品所需要消耗的人工、材料、机械台班的数量标准。

2. 建筑装饰工程预算定额的货币表现形式

它所反映的是在预算定额所规定各项消耗量的基础上，根据各地区人工工资标准、材料预算价格和机械台班单价而计算出本地区内分项工程或结构构件的预算单价，具体表现形式为地区单位估价表，它是一定计量单位的分项工程或结构构件所需要的人工、材料、机械台班消耗量的货币表现形式。表 2-1 为某地区依据《全国统一建筑装饰装修工程消耗量定额》编制的 2004 年单位估价表。

表 2-1 单位估价表

定额编号		2-210	2-211	2-212	2-213	2-214	2-215
项目		硬木条吸声墙面	硬木板条墙面	石膏板墙面	竹片内墙面	电化铝板墙面	铝合金装饰板墙面
基价表	人工费/元	11.26	8.24	3.13	8.00	6.66	5.37
	材料费/元	43.93	32.04	8.67	4.13	91.51	87.11
	机械费/元	0.78	1.05				
	基价/元	55.97	41.33	11.80	12.13	98.17	92.48

建筑装饰工程预算定额由目录、总说明、分部工程说明、工程量计算规则、定额项目表、附注、附录等内容所组成。

2.5.2 建筑装饰装修分项工程单价的应用

1. 建筑装饰装修工程定额单位估价表

建筑装饰装修工程定额单位估价表又称地区单位估价表，它是以《全国统一建筑装饰装修工程定额》或各省、自治区、直辖市的建筑装饰装修工程定额中的每个项目规定的人工、材料和机械台班数量，配合本地区所确定的人工工日单价、材料预算价格和机械台班预算价格，制定出的适合本地区相应项目的工程单价（又称基价）、人工费、材料费和机械费的一种预算价值表，称为单位估价表。它是建筑装饰装修工程定额的货币价值表现形式，反映的是建筑装饰装修工程定额在某个省、自治区或直辖市的市场价格。因此，建筑装饰装修工程单位估价表的作用与建筑装饰装修工程消耗量定额相同。

2. 单位估价表的应用

（1）定额项目单价的查阅

建筑装饰装修工程实物量定额和单位估价表是确定工程预算造价，招标时确定招标控制价，投标时确定投标报价，拨付工程价款和进行竣工决算的依据，正确套用单位估价表很重要。因此，预算人员必须能熟练、准确快速地使用定额。查阅定额时应注意以下问题：

1）熟悉定额应用的有关说明。

2）定额编号查阅。单位估价表的定额编号与消耗量定额的编号一一对应，表述方法相同，在这里就不赘述。

（2）定额单价的套用。在套用定额单位估价表时，同样有三种情况：

1）直接套用。当设计图中的分部分项工程内容与定额规定一致时，即可直接套用定额分项单价。

【例 2-2】 某音乐厅墙面采用硬木条吸音墙面，经计算工程量为 $46.49m^2$，试确定完成该分项工程的预算价值。

【解】 查某省《全国统一建筑装饰装修工程消耗量定额单位估价表》，见本书表 1-3。

① 确定定额号 2—210，查单价可知：55.97 元/m^2

② 计算分项工程预算价值：$46.49m^2 \times 55.97$ 元/m^2 = 2602.05 元

2）定额单价的换算。在确定某一装饰装修分项工程或结构构件的预算价值时，如果设计图样中某些分部分项工程项目的内容与定额不完全一致，且定额规定允许换算时，即可将定额中与设计图样不一致的内容进行调整，要根据定额规定的范围、内容和方法进行换算，取得一致，只有经过换算后的工程单价才能套价使用。确定换算后的定额单价，可按下式计算：

换算后的定额单价 = 换算前的定额单价 +（换入部分的单价 - 换出部分的单价）× 换入部分的定额用量

换算后的定额编号应在原定额编号的前或后注明“换”字，如：换 ×— × ×

【例 2-3】 某宾馆螺旋形楼梯装饰，设计要求为：扶手栏杆为 ϕ80 不锈钢管扶手，ϕ35 及 ϕ25 不锈钢栏杆。经计算工程量为 35.5m，试确定完成该分项工程的预算价值。

【解】 查某省《全国统一建筑装饰装修工程消耗量定额单位估价表》，确定以下单价：

① 确定螺旋形楼梯栏杆定额号 1—183，查单价可知：385.35 元/m。

确定螺旋形楼梯扶手定额号 1—227，查单价可知：136.06 元/m。

根据其分部分项说明中有关定额换算的规定：螺旋形楼梯栏杆扶手项目人工、机械乘以 1.2 系数。

② 定额单价的换算

换 1—183：

换算后的单价 = 换算前的定额单价 +（换入部分的调整系数 - 换出部分的系数）× 换入部分的定额费用

= 385.35元/m + (1.2 - 1) × 25.89（定额人工费）元/m + (1.2 - 1) × 3.49（定额机械费）元/m = 391.23元/m

换 1-227：

换算后的单价 = 136.06元/m + (1.2 - 1) × 6.27（定额人工费）元/m + (1.2 - 1) × 2.14（定额机械费）元/m = 137.74元/m

③ 计算分项工程预算价值：

螺旋形楼梯栏杆：35.5m × 391.23 元/m = 13888.67 元

螺旋形楼梯扶手：35.5m × 137.74 元/m = 4889.77 元

3）编制补充单价。

当工程施工图样中的某些项目由于采用了新结构、新材料和新工艺等原因，在编制预算消耗量定额时尚未列入，也没有类似消耗量定额项目可供借鉴时，必须编制补充消耗量定额项目，可由施工企业根据施工过程的实际消耗状况，编制新的分项工程消耗量指标，再按本节所述的方法确定分项补充单价。

思考题与习题

1. 什么是建筑装饰工程预算定额？其作用有哪些？
2. 何谓人工单价？由哪些费用组成？其影响因素有哪些？
3. 何谓材料预算价格？由哪些费用构成？
4. 如何正确确定材料的原价？
5. 何谓施工机械台班单价？它由哪些费用因素构成？
6. 建筑装饰工程单价的作用是什么？

7. 简述建筑装饰工程预算定额的组成。

8. 直接套用装饰工程预算定额应满足哪些条件？

9. 装饰工程预算定额的换算有哪几种类型？

10. 某办公楼外墙干挂花岗岩墙面 325.81m^2，结合本地区计价定额计算该工程量的预算价值。

第3章 建筑装饰装修工程工程量计算

知识点：工程量的基本知识，《全国统一建筑装饰装修工程消耗量定额》工程量计算规则，工程量清单计算规则，工程量清单文件的编制。

教学目标：通过学习学生应具备以下三方面的能力：

(1) 根据装饰工程施工图样，应用《全国统一建筑装饰装修工程消耗量定额》工程量计算规则，计算分项工程量。

(2) 根据施工图样，建筑装饰装修工程工程量清单计算规则，计算清单分项工程量。

(3) 熟练掌握工程量清单文件的编制方法。

3.1 工程量计算概述

3.1.1 工程量的概念

工程量是指以自然计量单位或物理计量单位所表示各建筑装饰装修分项工程或装饰构、配件的实物数量。

物理计量单位是指物体的物理法定计量单位。如建筑装饰装修工程中，墙面贴壁纸以"m^2"为计量单位，楼梯栏杆扶手以"m"为计量单位等，自然计量单位是物体自身的组合单位。如装饰灯具安装以"套"为计量单位，装饰卫生器具安装以"组"为计量单位等。

3.1.2 工程量计算的一般方法

为便于装饰装修工程工程量的计算和审核，防止重算和漏算，进行工程量计算时必须按照一定的顺序和方法来进行。

(1) 分部工程（章）工程量计算的顺序

1) 消耗量定额顺序法。即完全按照装饰装修工程预算消耗量定额各分部分项工程的编排顺序进行工程量的计算。

此法主要优点是：能依据消耗量定额项目划分的顺序逐项计算，通过工程项目与消耗量定额项目间的对照，能清楚地反映出已算和未算项目，防止漏项，并有利于工程量的整理与报价。

2) 施工顺序法。即根据各装饰装修工程项目的施工工艺特点，按其施工的先后顺序，同时考虑到计算的方便，由基层到面层或从下至上逐层计算。

此法主要优点是：它打破了消耗量定额分章分节的界限，比较直观地反映出施工分项项目之间的内在关系，计算工作比较流畅，但对使用者的专业技能要求较高。

3) 统筹原理计算法。即通过对预算消耗量定额的项目划分和工程量计算规则进行分析，找出各分项项目之间的内在联系，运用统筹法原理，合理安排计算顺序，从而达到以点带面、简化计算、节省时间的目的。此法通过统筹安排，使各分项项目的计算结果互相关联，并将后面要重复使用的基数先计算出来，避免了计算时的“卡壳”现象。比如，为了便于计算墙面装饰工程量时扣除门窗洞口面积，可以先计算门窗工程量；顶棚面工程量的计算时则可以楼、地面工程量为基础进行等。

（2）同一分部不同分项子目之间的计算顺序，一般按消耗量定额编排顺序或按施工顺序计算。

（3）同一分项工程分布在不同部位时的计算顺序，有：

1）按顺时针方向计算。即从施工平面图左上角开始，由左而右、先外后内顺时针环绕一周，再回到起点，这一方法适用于计算外墙面、楼地面、顶棚等项目。

2）按先横后竖、先上后下、先左后右的顺序计算。这种方法适用于计算内墙面等项目。

3）按图样上注明的轴线或构件的编号依次计算。这种方法适用于计算门窗、墙面、油漆等项目。如铝合金门制作安装其编号 M_1、M_2……M_n 依次计算，独立柱面装修按其编号 Z_1、Z_2……Z_n 依次计算等。

3.1.3 工程量计算时应注意的问题

1. 全面熟悉工程资料

工程量计算时，根据工程施工图和有关工程资料列出的工程分项必须确切反映工程实际，其分项名称、工程做法应尽可能与选定的消耗量定额的分项子目相一致，建筑装饰工程分项项目的工作内容与做法特征和施工现场的条件是由工程图样和工程资料确定的。

2. 计量单位要一致

按施工图样计算工程量时，各分项工程的工程量计量单位，必须与消耗量定额中相应项目的计算单位一致。

3. 严格执行工程计量规则

在计算装饰工程量时，必须严格执行现行《全国统一建筑装饰装修工程消耗量定额》所规定的工程量计算规则。例如：楼、地面块料装饰面层按实铺面积计算，不扣除 $0.1m^2$ 以内的孔洞所占面积；拼花部分按实贴面积计算等。因此在划分项目时一定要熟悉消耗量定额中该项目所包括的工程内容。

4. 计算精确度统一

在计算工程量时，计算底稿要整洁，数字要清楚，项目部位要注明，计算精确度要一致。工程量的数据一般精确到小数点后两位，钢材、木材及使用贵重材料的项目可精确到小数点后三位。

5. 必须准确计算，不重算、不漏算

在计算工程量时，必须严格按照图示尺寸计算，不得任意加大或缩小。另外，为了避免重算和漏算，应按照一定的顺序进行计算。

工程量计算的准确与否，直接影响到工程造价。熟练应用消耗量定额和正确理解装饰装修工程工程量计算规则是计算工程量的基础。

下面以《全国统一建筑装饰装修工程消耗量定额》（GYD 901—2002）（以下简称全统装饰 2002）工程量计算规则为主要依据，对建筑装饰装修工程各分部工程量的计算进行简述。

3.2 楼地面工程量计算

3.2.1 楼地面工程基本资料简介

1. 楼地面饰面工程消耗量标准的内容

装饰装修楼地面工程的消耗量标准子目包括整体面层、块料面层、装饰面层（地毯、木地板等）、楼梯、台阶、栏杆、栏板、扶手等，其中栏杆、栏板、扶手与楼梯地面装修关系密切，故而归于此章节中。

2. 楼地面饰面工程消耗量标准子目的划分

楼地面工程套用消耗量标准子目时按装饰表面材料和施工工艺的不同划分，分别以不同工程量的计算规则来计算工程量。

如整体面层按材料分为：水泥砂浆、普通水磨石、菱苦土、水泥豆石浆、混凝土、彩色镜面水磨石。块料面层按材料分为：大理石、花岗岩、水泥花砖、方整石、混凝土板、预制水磨石板、拼碎块料、凸凹假麻石块、地板砖、陶瓷锦砖、广场砖、缸砖、镭射玻璃、塑料板、橡胶板等面层。

另：楼地面地毯按铺设方式分为：固定、不固定两种方式。木地板按基层材料分为：铺在木楞上、铺在毛地板上、粘在毛地板上、粘在水泥面上。

楼地面工程也可按装饰装修部位分为：楼地面、楼梯、台阶、踢脚线、零星项目等装饰。

一般按装饰部位与材料形成项目特征进行列项。

3. 楼地面的各构造层次

楼地面、墙柱面、顶棚是室内空间的三大装饰装修界面，对装饰的整体效果有着举足轻重的作用。楼地面装饰构造有三层：一是基层，包括楼面结构层和地面垫层、找平层等构造；二是中间层防潮、防水、隔声或敷设管道等构造；三是面层，包括整体面层、饰面面层和结合层。

【构造实例 1】块料楼地面装饰基本构造和做法：

基层处理——清洁底板上灰尘和杂物，刷一道素水泥浆，常用水灰比：1:0.4 ~1:0.5。

构造层敷设——找平层铺设应虚铺至该层构造设计标高。

面层铺贴——应首先试铺，再在找平层上刷素水泥浆一道，常用 30 厚 1:4 水泥砂浆结合层铺贴块料楼地面。

中期与后期处理——花岗岩表面和背面刷涂防护液，水磨石地面进行酸洗打蜡工序，图 3-1 为地面铺贴石材施工现场。

图 3-1 地面铺贴石材施工现场

【构造实例 2】 地毯地面是中高档室内地面装饰，有活动式铺设和固定式铺设。满铺地毯一般有挂毯条固定和粘结固定两种方法。挂毯条固定是先在地面铺一层橡胶或泡沫软垫，再在上面铺平地毯，并在四周边缘用木钉条将地毯固定住。

在地毯拼接的地方，需要用烫带将两块地毯粘接在一起，这种方法也称为甲级铺装；粘结固定是直接将地毯用粘胶剂粘在地面上，亦称为乙级铺装。图 3-2 为地毯满铺且挂毯条固定的构造。

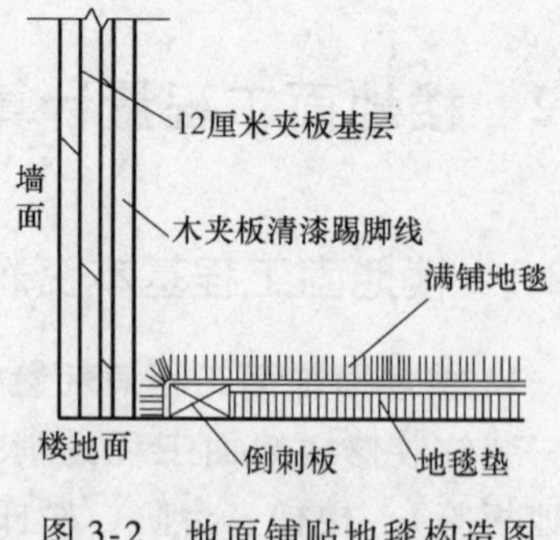

图 3-2　地面铺贴地毯构造图

【构造实例 3】　木地板装饰是楼地面常见的装修，基本有粘贴式木板地面和有中间层（即骨架层）木地板两种。以硬木拼花地板为例：硬木地板一般有两层，下层为毛板，上层为硬木板。如果要求防潮，可以在毛板与硬木板之间增设一层油纸，或用木方或塑料龙骨架空（如图 3-3 所示）。

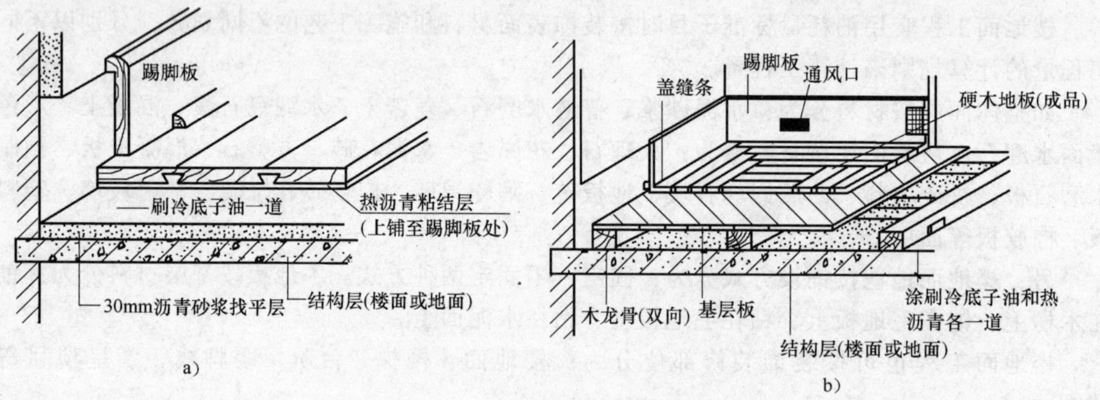

图 3-3　楼地面粘贴木地板构造图

a）实铺木地板地面　b）架空龙骨硬木地板

3.2.2　楼地面工程工程量计算规则及计算实例

1. 楼地面饰面工程工程量计算规则

（1）计算规则

1）楼地面装饰面积按饰面的净面积计算，不扣除面积在 0.1m^2 内的孔洞所占面积。拼花部分按实贴面积计算。

2）楼梯面积（包括踏步、休息平台，以及小于 50mm 宽的楼梯井）按水平投影面积计算。

3）台阶面层（包括踏步及最上一层踏步沿 300mm）按水平投影面积计算。

4）踢脚线按实贴长乘高以平方米计算，成品踢脚线按实贴延长米计算。楼梯踢脚线按相应定额乘以 1.15 系数。

5）点缀按个计算，计算主体铺贴地面面积时，不扣除点缀所占面积。

6）零星项目按实铺面积计算。

7）栏杆、栏板、扶手均按其中心线长度以延长米计算，计算扶手时不扣除弯头所占长度。

8）弯头按个计算。

9）石材底面刷养护液按底面面积加 4 个侧面面积，以平方米计算。

（2）规则释义

1）整体面层除水泥砂浆楼梯包括水泥砂浆踢脚线外，其他整体面层、块料面层均不包括踢脚线，其踢脚线应按相应的踢脚线消耗量标准另列项目计算。

2）水磨石楼梯面层已综合考虑了防滑条的工料，其他楼梯、台阶均不包括防滑条工料，设计规定需要时，执行相应消耗量标准项目。一般防滑条高于踏面 4～5mm，且长度不足梯段宽度，按踏步长度每边减去 150mm 即可。菱苦土楼地面、现浇水磨石消耗量标准项目已包括酸洗打蜡工料，其余项目均不包括酸洗打蜡。

3）楼梯的栏杆、栏板和扶手是在梯段上所设的安全设施，按其造型图供参考套用。栏杆与扶手的连接一般按两者的材料种类，采用相应的连接方法：如钢管扶手与钢栏杆采取焊接，木扶手与钢栏杆顶部的通长扁铁用螺钉连接，石材扶手与砖或混凝土栏板用水泥砂浆粘结。无论哪种扶手，在拐角处都需弯头，弯头的工程量在消耗量标准中是以一个单独件的项目进行计算的，即在计算栏杆、扶手工程量时为方便计算起见，可将栏杆和扶手弯头的长度计算在内，而弯头的本身制作安装是一个单独项目，应另行列项按个计算。即扶手的消耗量标准项目，与弯头消耗量标准项目是分开计算的，如需弯头的扶手、弯头应另套消耗量标准子目单独计算。

4）零星项目面层适用于楼梯侧面、台阶牵边、小便池、蹲台、池槽，以及面积在 $1m^2$ 以内且定额未列项目的工程。镶拼面积小于 $0.015m^2$ 的石材执行点缀项目。

5）波打线一般为块料楼（地）面沿墙边四周所做的装饰线，宽度不等。设计上波打线一般采用同种地面材料时就以颜色区分，采用不同材质的就利用质地感加以区分。预算工程中地面四周的波打线常与地面面层合并计算，应该注意要单独计算。波打线按图示尺寸以面积计算，另套消耗量标准子目。

6）《全统装饰 2002》大理石、花岗岩楼地面拼花按成品考虑。但在《全国统一建筑工程基础定额》中有以下规定可供参考：石材地面当采用简单几何图案铺贴时人工乘以系数 1.20，石材用量乘以系数 1.06，石料切割机乘以系数 1.50；当采用铺贴艺术造型图案时人工乘以系数 1.44，石材用量按实际计算，石料切割机乘以系数 1.80；地面铺成品图案板材时按相应定额人工乘以系数 1.15，其他不变。

2. 楼地面饰面工程工程量计算实例

计算要点：

（1）一般而言各省制定本省的规则中往往将《全国统一建筑装饰工程预算定额》中的装饰面积按饰面的净面积计算加以详细描述。如 2006 年《湖南建筑装饰装修工程消耗量标准》中规定找平层、整体面层按房间净面积以平方米计算，不扣除墙垛、柱、间壁墙及面积在 $0.3m^2$ 以内孔洞所占面积，但门窗洞口、暖气槽的面积也不增加。这时计算找平层、整体面层时应注意不要误把间壁墙所占面积减掉。而块料面层、木地板、活动地板按图示尺寸以平方米计算，扣除柱子所占的面积，门窗洞口、暖气槽和壁龛的开口部分工程量并入相应面层内。此时块料面层、木地板等强调实铺面层，计算时往往容易把门窗洞口的所铺地面漏算。《全国统一建筑装饰工程预算定额》笼统归于饰面的净面积，只是并不扣除面积在 $0.1m^2$ 内的孔洞所占面积，所以要根据工程所在地的标准认真对待不同情况下的计算。

【例 3-1】 分别计算图 3-4 所示楼面水磨石装修和 600mm × 600mm 花岗岩板材装修工程

量（门窗表见表3-1）。

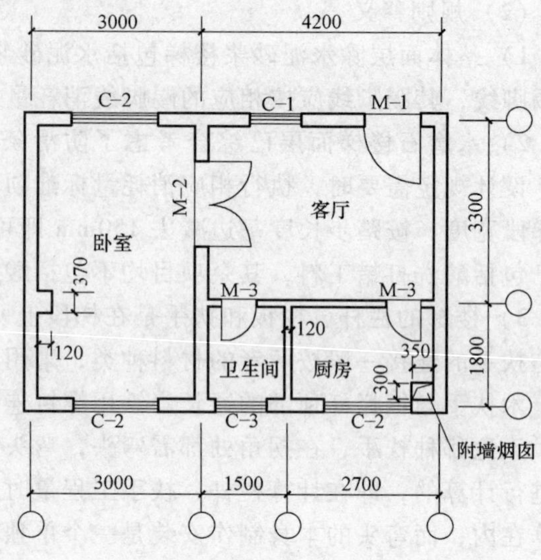

图3-4　小住宅平面图

【解】　依据《全统装饰2002》楼地面计算规则，水磨石与花岗岩地面装修工程量计算规则是相同的。

根据表3-1门洞处开口面积为 $(1.0\times0.24+1.5\times0.24+0.9\times0.12\times2)\mathrm{m}^2=0.82\mathrm{m}^2$

$S=(3-0.24+4.2-0.24)\times(5.1-0.24)\mathrm{m}^2+0.82\mathrm{m}^2-(4.2-0.24+1.8-0.18)\times0.12\mathrm{m}^2-0.3\times0.35\mathrm{m}^2=(32.66+0.82-0.67-0.105)\mathrm{m}^2=32.71\mathrm{m}^2$

注：因为规则是按装饰净面积计算的，那么间壁墙处应扣减，$0.37\mathrm{m}\times0.12\mathrm{m}$ 的墙垛小于 $0.1\mathrm{m}^2$ 不予扣除，但附墙烟囱 $0.35\mathrm{m}\times0.3\mathrm{m}$ 大于 $0.1\mathrm{m}^2$ 则需要扣除，门洞开口处增加的面积加入。

依据2006年《湖南建筑装饰装修工程消耗量标准》楼地面计算规则计算此题，结果稍有区别：

水磨石地面装修工程量 $=(3-0.24+4.2-0.24)\times(5.1-0.24)\mathrm{m}^2=32.66\mathrm{m}^2$

注：水磨石属整体面层，所以 $0.37\mathrm{m}\times0.12\mathrm{m}$ 的墙垛、间壁墙、附墙烟囱（$0.35\mathrm{m}\times0.3\mathrm{m}$ 小于 $0.3\mathrm{m}^2$）不需要扣除，而门洞开口处增加的面积也不加入。

根据表3-1，门洞处开口面积为 $1.0\times0.24\mathrm{m}^2+1.5\times0.24\mathrm{m}^2=0.6\mathrm{m}^2$

花岗岩地面装修工程量 $=(3-0.24+4.2-0.24)\times(5.1-0.24)\mathrm{m}^2+0.6\mathrm{m}^2=33.26\mathrm{m}^2$

注：花岗岩地面装修的计算规则与整体面层不同之处就是门洞开口处增加面积的加入。

【例3-2】　上题中若客厅地面装修有300mm宽波打线沿墙布置，则按《全统装饰2002》计算其花岗岩楼地面工程量分别为多少？

【解】　依据《全统装饰2002》楼地面计算规则：

波打线地面装修工程量 $=(3.3-0.18-0.3+4.2-0.24-0.3)\times2\times0.3\mathrm{m}^2=3.89\mathrm{m}^2$

套用《全统装饰2002》的子目编号为1-045。

花岗岩地面装修工程量 $=(32.71-3.89)\mathrm{m}^2=28.82\mathrm{m}^2$

套用《全统装饰2002》的子目编号为1-008。

（2）消耗量标准子目中有陶瓷地砖、陶瓷锦砖、广场砖、水泥花砖、缸砖等分项子目，而实际工程中购买的地面砖往往名称为地板砖、瓷砖、彩釉砖等，如何归类套用消耗量标准呢？

首先区别瓷板与陶板。一般来说：瓷板与陶板都适用于地面保护和装饰。在施工技术中墙砖是釉面陶制的，含水率比较高，它的背面一般比较粗糙，这也有利于粘合剂把墙面砖贴上墙。地砖不易在墙上贴牢固，而若把墙砖用在地面会吸水太多而变得不易清洁，可见墙、地面砖不能混用，墙瓷砖严格讲应属于陶制品，地砖通常是瓷制品。故而我们进行消耗量标准套价时也不能混淆。在消耗量标准中的彩釉砖正名为彩色釉面陶瓷地砖，是一种有釉陶质砖，对于彩釉地砖、地瓷砖、劈离砖、瓷板都可套用陶瓷地砖项目。

陶瓷锦砖适合于铺设卫生间地面，是由边长不大于50mm的单块陶瓷小砖粘贴在衬纸上成为砖联的，即我们常说的马赛克。

缸砖一般采用烧结制成，属陶瓷类制品，在装修中用于室外平台、屋顶、地坪以及公共建筑的地面。水泥花砖属于广场砖，多用于广场及人行道。

（3）台阶面层工程量（包括踏步及最上一层踏步沿300mm）按水平投影面积计算。计算中遇到平台材料与台阶材料不同时要注意。

【例3-3】 如图3-5所示，某建筑物门前台阶与平台采用水泥砂浆碎拼毛面中国红花岗岩（市场预算价为166元/m^2）与600mm×600mm毛面蒙古黑花岗岩（市场预算价为86元/m^2）铺装，计算平台及台阶装饰装修的项目工程量并套用消耗量标准子目。

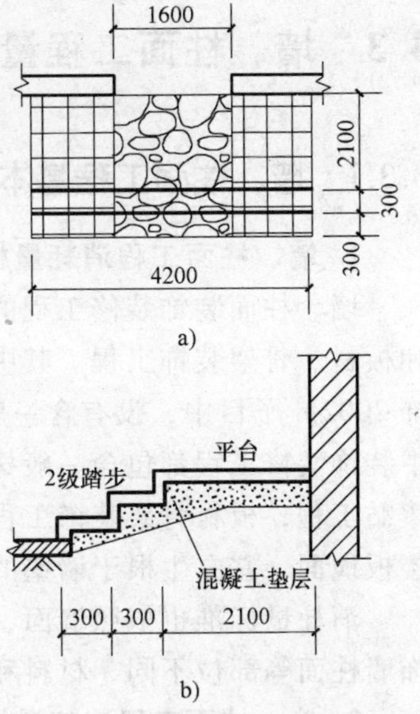

图3-5 建筑物门前台阶平台示意图

a）平台台阶平面图 b）平台台阶立面图

【解】

① 中国红花岗岩台阶工程量：

$$1.6\times0.3\times3\text{m}^2=1.44\text{m}^2$$

蒙古黑花岗岩台阶工程量：

$$(4.2-1.6)\times0.3\times3\text{m}^2=2.34\text{m}^2$$

② 中国红花岗岩平台工程量：

$$1.6\times(2.1-0.3)\text{m}^2=2.88\text{m}^2$$

蒙古黑花岗岩台阶工程量：

$$(4.2-1.6)\times(2.1-0.3)\text{m}^2=4.68\text{m}^2$$

注：宽度包括踏步及最上一层踏步300mm，另外，二者主材的价格不同，所以分开套定额计价。

③ 消耗量标准套用。中国红花岗岩和蒙古黑花岗岩台阶套用（1-034）子目，但注意两种材料价格不同故而基价不同。碎拼中国红花岗岩平台套用（1-014）子目，蒙古黑花岗岩平台套用（1-008）子目。

（4）计算楼梯装饰面层时，应注意“投影面积”中平台只能取休息平台，连接走道的平台不能算入。特别是“投影面积”中不包括楼梯踏步侧面和底面，此处工程量分别套用零星项目。

【例3-4】 一栋三层商场有一螺旋楼梯，内半径1.0m，外半径2.5m，共62个踏步，水泥砂浆粘贴300mm×300mm浅色地板砖，每个踏步嵌两根4mm×6mm铜防滑条，计算该楼地面装饰的项目工程量并套用消耗量标准子目。

【解】 根据题意进行列项，计算工程量并选用消耗量标准：

① 螺旋楼梯粘贴地板砖（套用消耗量标准编号为1-071）：

工程量： $$\pi(2.5^2-1.0^2)\times2\text{m}^2=32.99\text{m}^2$$

② 螺旋楼梯踏步安铜防滑条（套用消耗量标准编号为1-103）：

工程量： $$(1.5-0.3)\times2\times62\text{m}=148.8\text{m}$$

注：若螺旋楼梯只旋转α角度时，同样投影也是圆环，其计算公式为$S=\pi(R^2-r^2)\times\alpha/360$

3.3 墙、柱面工程量计算

3.3.1 墙、柱面工程基本资料简介

1. 墙、柱面工程消耗量标准内容

墙、柱面装饰装修工程的消耗量标准分为三部分进行计量，即抹灰工程、块料镶贴工程和板材、骨架装饰工程。其中抹灰工程又分为一般抹灰工程和装饰抹灰工程；（在《全统装饰2002》子目中，没有含一般抹灰项目，一般抹灰归为建筑工程内。但在各省消耗量标准中装饰装修工程都包含一般抹灰）块料镶贴工程又分为石质块料镶贴工程和烧制陶瓷块料镶贴工程；板材骨架装饰工程又分为依靠墙柱面的附墙（柱）护壁装饰工程和上下生根于楼板地面，左右生根于墙壁的隔墙、隔断和幕墙装饰工程。

消耗量标准也依照墙面、柱（梁）面、墙裙、装饰线条、零星项目、间壁墙、护壁装饰墙柱面等部位不同、材料和工艺不同分别列项。

2. 墙、柱面工程消耗量标准项目的划分

抹灰工程根据材料划分为一般抹灰和装饰抹灰。如：材料为石灰砂浆、水泥砂浆、混合砂浆、水泥珍珠岩浆、石膏砂浆、TG砂浆、石英砂浆等是一般抹灰；材料为水刷石、干粘石、水磨石、斩假石、拉毛灰等是装饰抹灰。抹灰工程按抹灰部位分为：墙面抹灰、梁柱面抹灰、装饰线条和门窗套抹灰、挑檐天沟、腰线等的零星项目抹灰。抹灰工程按基层材料分为：砖墙、毛石墙、混凝土墙、加气混凝土墙、钢板网墙、板材及其他木质面等抹灰。

块料镶贴工程按镶贴部位和材料划分子目。块料镶贴按墙体位置分为：内墙、外墙、墙裙、梁柱面、零星项目等部位镶贴。块料镶贴按材料分为：大理石、花岗岩、凸凹假麻石块、陶瓷锦砖、瓷片、外墙面砖、波形面砖、PVC彩色瓦波形板、镜面玻璃、装饰板等镶贴。石材镶贴根据施工工艺（粘贴、挂贴、干挂）也套用不同消耗量标准子目。

板材、骨架装饰工程：依据木龙骨、钢龙骨、铝合金龙骨等材料制成龙骨基层，依据装饰面层可套用不同子目。如间壁墙有：抹灰间壁墙、钉板间壁墙、玻璃间壁墙、石棉瓦墙、石膏板墙、石棉板墙、铝合金幕墙等。护壁装饰面层有：胶合板、装饰三合板、塑铝板、铝合金扣板、塑料扣板、吸音板、彩色钢板等。

3. 墙、柱面抹灰工程装饰施工资料简介

抹面砂浆指用在装饰装修工程中的墙柱面、顶棚、楼面抹灰等分项工程中的砂浆，是由胶凝材料、细骨料和水按适当比例调制而成的，它的技术要求不是抗压强度，而是和易性以及与基底材料的粘结力，故需要多用些胶凝材料。根据所用的胶凝材料不同，可以分为水泥砂浆、石灰砂浆、石膏砂浆、混合砂浆和珍珠岩浆等。

水泥砂浆是以水泥为胶凝材料的砂浆，由水泥、砂按一定比例加水拌制而成。石灰砂浆是以石灰膏为胶凝材料的砂浆，由石灰膏、砂按一定比例加水拌制而成。石膏砂浆是以石膏为胶凝材料的砂浆，由石膏、砂按一定比例加水拌制而成。

混合砂浆有很多种，如水泥石灰混合砂浆，水泥聚合物混合砂浆等，本消耗量标准中涉及到的混合砂浆除注明外均指水泥石灰混合砂浆，是由水泥、石灰膏、砂按一定比例加水拌制而成。

为了保证抹灰层表面平整，避免开裂脱落，抹面砂浆常分为底层、中层和面层，分层涂抹，各层的成分和稠度各不相同。底层砂浆主要起粘结作用，以便于基层牢固连接，如一般砖墙常用石灰砂浆；有防水、防潮要求时使用水泥砂浆；对混凝土基层宜采用混合砂浆或水泥砂浆；若为木板条，则应在砂浆中适量掺入麻刀或玻璃等纤维材料。中层砂浆主要起找平作用，较底层砂浆稍稠，中层抹灰多用混合砂浆或石灰砂浆。面层砂浆主要起保护装饰作用，由于抹灰不厚，要求用细砂配成混合砂浆、麻刀灰砂浆、纸筋灰砂浆。另外，在易碰撞或潮湿部位，如墙裙、踢脚板、雨篷、窗台等一般都应采用水泥砂浆。

4. 墙柱面工程装饰装修构造层次

墙柱面的装饰在室内装修中对视觉冲击力最强，也是体现房间效果的重要环节。装饰墙柱面构造有三层：一是抹灰底层——主要是对墙体的找平并保证墙体与饰面层的连接牢固；二是中间层——起弥补底层砂浆找平的不足和干缩裂缝等作用，有时根据房间的用途增加防潮层、保温隔热层、或者装饰面层所必须的基层和龙骨架等；三是面层——饰面层的作用是满足装饰装修效果与其他使用功能要求。

墙、柱面块料饰面施工一般分为粘贴法、挂贴法（灌挂固定法）和干挂法。图 3-6 为装修工人进行外墙干挂大理石的施工现场。

图 3-6　外墙干挂大理石施工现场

【构造实例 1】　墙面水刷石饰面：是一项随水泥传入到中国后的传统工艺，它能使墙面具有天然石材质感，而且色泽庄重美观，饰面坚固耐久，不褪色，也比较耐污染。但水刷石面层在洗刷过程中浪费水泥，又费时费力；面层容易积灰不易清洁，故目前已不推广这种面层做法。

制作过程是用水泥、石屑、小石子或颜料等加水拌和，抹在建筑物的表面，半凝固后，用硬毛刷蘸水刷去表面的水泥浆而使石屑或小石子半露。或以喷浆泵、喷枪等喷清水冲洗，冲刷掉面层水泥浆皮．从而使石子半露出的装饰工艺方法。它适用于建筑物外墙面、檐口、腰线、窗套、门套、柱子、阳台、雨篷，勒脚、花台等部位。

墙面做水刷石一般需经过下列工序：中层抹灰验收—弹线、贴分格条—抹水灰比为 0.37 ~ 0.40 水泥石子浆—水刷面层（水刷面层应分两遍进行，第一遍用软毛刷蘸水刷掉面层水泥浆，露出石粒；第二遍用喷雾器喷水，把表面的水泥浆冲掉，使石粒外露约为粒径的 1/2，再用水壶从上往下冲水，使面层干净。当表面水泥浆已结硬时，应用 5% 的稀盐酸溶液洗刷，再用水冲洗）—最后起分格条，完成。

【构造实例 2】　砖墙或混凝土墙体挂贴大理石（以钢筋作为受力连接构件）：又称为灌挂固定法，这是一个“双保险”的做法，即在饰面安装时，用水泥砂浆等灌注固定，又通过各种铁件或钢筋网，在板材与墙体之间、板材与板材之间进行加强连接固定。但这种不加以处理的做法使得石材缝隙会产生“白华”、“流泪”等污染现象（由于石材表面和内部分布着人体肉眼看不到的微孔，这些微孔象人体的呼吸系统一样，成为气体和水份进入石材内部的通道。大气中的酸性气体、灰尘和雨水随着温度环境变化，体积发生变化产生压力，进入石材内部，产生密封水的体积膨胀和收缩，直接对石材产生损坏。常见的现象如：外墙石板材“水印”龟裂；石板材接缝处因水泥砂浆与大气、雨水接角而生成的酸性流体痕迹，又称“石材流泪”，含铁质的石材受大气和雨水的侵蚀，石材内部的赤铁矿氧化或用强酸清洗水泥斑会将碰到的铁质溶解带入石材微孔，将石材染成锈黄色，俗称“石材生锈”）。所以需要对石材表面和背面刷养护液。图 3-7 为大理石挂贴构造。

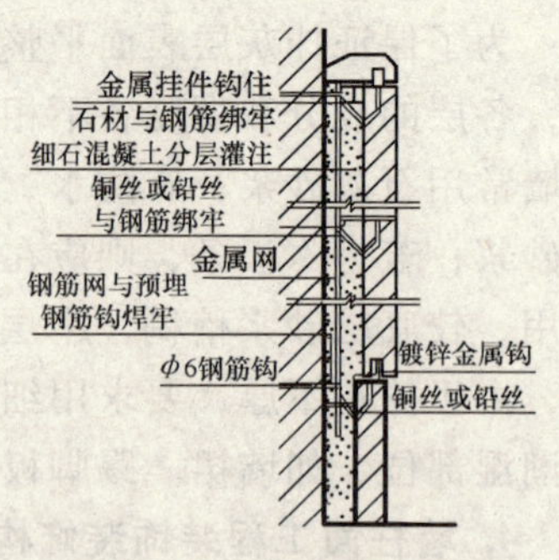

图 3-7 墙体挂贴大理石示意图

【构造实例 3】 大理石干挂在混凝土墙（以钢骨架作为受力连接构件）：大理石干挂形成的石材幕墙风格独特、高雅亮丽，使建筑物更具时代感和艺术感，许多建筑物乐于用其作为内外装饰，但其节能、安全、造价不菲等因素，也使得我们对装修做法格外注重尤其是在选用石材干挂件和石材干挂胶方面更要慎重。图 3-8 为大理石干挂构造。

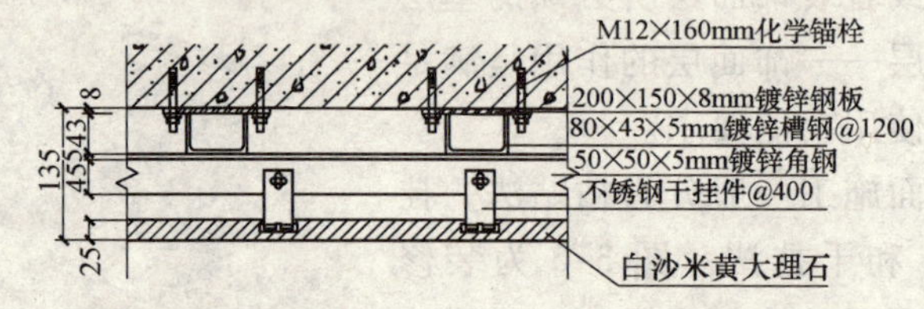

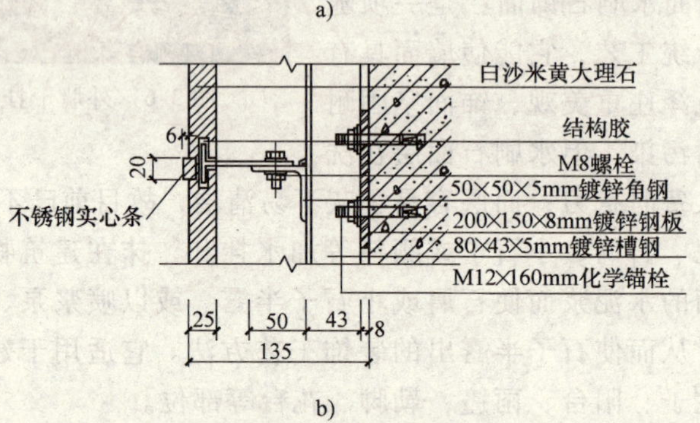

图 3-8 墙体干挂大理石示意图
a）墙面石材横向节点（干挂） b）墙面石材纵向节点（干挂）

3.3.2 墙、柱面工程工程量计算规则及计算实例

1. 墙、柱面饰面工程工程量计算规则

（1）计算规则

1）外墙面装饰抹灰面积，按垂直投影面积计算，扣除门窗洞口和 0.3m^2 以上的孔洞所占面积，门窗洞口及孔洞侧壁面积亦不增加。附墙垛侧面抹灰面积并入外墙抹灰面积工程量内。

2）柱抹灰按结构断面周长乘高计算。

3）女儿墙（包括泛水、挑砖）、阳台栏板（不扣除花格所占孔洞面积）内侧抹灰按垂直投影面积乘以系数 1.10，带压顶者乘系数 1.30，按墙面定额执行。

4）“零星项目”按设计图示尺寸以展开面积计算。

5）墙面贴块料面层，按实贴面积计算。

6）墙面贴块料、饰面高度在300mm以内者，按踢脚板定额执行。

7）柱饰面面积按外围饰面尺寸乘以高度计算。

8）挂贴大理石、花岗岩中，其他零星项目的花岗岩、大理石是按成品考虑的，花岗岩、大理石柱墩、柱帽按最大外径周长计算。

9）除定额已列有柱帽、柱墩的项目外，其他项目柱帽、柱墩工程量按设计图示尺寸以展开面积计算，并入相应柱面积内，每个柱帽或柱墩另增人工：抹灰0.25工日，块料0.38工日，饰面0.5工日。

10）隔断按墙的净长乘净高计算，扣除门窗洞口及0.3m^2以上的孔洞所占面积。

11）全玻隔断的不锈钢边框工程量按边框展开面积计算。

12）全玻隔断、全玻幕墙如有加强肋者，工程量按其展开面积计算；玻璃幕墙、铝板幕墙以框外围面积计算。

13）装饰抹灰分隔、嵌缝按装饰抹灰面面积计算。

（2）规则释义

1）消耗量标准中凡注明砂浆种类、配合比、饰面材料型号规格的，如与设计规定不同时，可按设计规定调整，但人工、机械消耗量不变。隔墙（间壁）、隔断（护壁）、幕墙等消耗量标准中的龙骨间距、规格如与设计不同时，消耗量标准允许调整。

2）外墙贴块料釉面砖项目分密贴和勾缝列项，其人工、材料已综合考虑。如灰缝超过20mm以上者，其块料及灰缝材料用量允许调整，其他不变。

3）内墙面抹灰的长度，以主墙间的图示净长尺寸计算。其高度确定如下：

无墙裙的，其高度按室内地面或楼面至顶棚底面之间距离计算。

有墙裙的，其高度按墙裙顶至顶棚底面之间距离计算（可见墙裙不在内墙装饰中，墙裙以高度在1500mm以内为准，超过1500mm时按墙面计算，高度低于300mm以内时，按踢脚线计算）。

钉板条顶棚的内墙面抹灰，其高度按室内地面或楼面至顶棚底面另加100mm计算。

4）内墙、内墙裙抹灰面积按内墙净长乘以高度计算。应扣除门窗洞口和空圈所占的面积，门窗洞口和空圈的侧壁面积不另增加，墙垛、附墙烟囱侧壁面积并入抹灰面积内计算。

5）装饰装修抹灰的“零星项目”适用于挑檐、天沟、腰线、窗台线、门窗套、压顶、栏板、扶手、遮阳板、雨篷周边等。一般抹灰的“零星项目”适用于各种壁柜、碗柜、过人洞、暖气壁龛、池槽、花台以及1m^2以内的抹灰。块料镶贴的“零星项目”适用于挑檐、天沟、腰线、窗台线、门窗套、压顶、栏板、扶手、遮阳板、雨篷周边等。

6）窗台线、门窗套、挑檐、腰线、遮阳板等展开宽度在300mm以内者，按装饰线以延长米计算。如展开宽度超过300mm以上时，按图示尺寸以展开面积计算，套零星抹灰消耗量标准项目。窗台线与腰线相连时，并入腰线内计算。外窗台抹灰长度如设计图样无规定时，可按窗外围宽度，两边共加200mm计算，窗台展开宽度按360mm计算。抹灰的“装饰线条”适用于门窗套、挑檐、腰线、压顶、遮阳板、楼梯边梁、宣传栏边框等凸出墙面或灰面，展开宽度小于300mm以内的竖、横线条抹灰。超过300mm的线条抹灰按“零星项目”执行。

7）面层、木基层均未包含刷防火涂料，如设计或规范有要求，应按相关分部相应消耗量标准执行。

8）木龙骨基层是按双向算的，设计为单向时，材料、人工用量乘以系数 0.55。

9）玻璃隔墙如设计有平、推拉窗者，扣除平、推拉窗面积另按门窗工程相应消耗量标准执行。玻璃幕墙设计有平开、推拉窗者，仍执行幕墙定额，窗型材、窗五金相应增加，其他不变。玻璃幕墙中玻璃按成品玻璃考虑，幕墙中的避雷装置、防火隔离层消耗量标准已计算在内，但幕墙的封边、封顶的费用另行计算。

2. 墙、柱面饰面工程工程量计算要点及实例

（1）外墙面装饰抹灰面积，按垂直投影面积计算，墙面贴块料面层，按实贴面积计算，注意区别计算。圆弧形、锯齿形、不规则墙面抹灰、镶贴块料、饰面，按相应项目人工乘系数 1.15，材料乘以系数 1.05。块料面层要求在现场磨光 45°、60°斜角时，另列项目计算，若成品为已磨边的块料，磨边倒角均包含成品单价中，不再另计算。

【例 3-5】 某工程有圆弧形外墙面弧长 12m，采用水泥砂浆粘贴 150mm×75mm 外墙面砖（灰缝 5mm），高 5m，面砖要求现场磨光 45°斜角，工程量 120m，根据《全统装饰 2002》计算外墙面砖工程的消耗量。

【解】

1）工程量计算

① 弧形外墙粘贴面砖工程量：$12\times5\text{m}^2=60\text{m}^2$。

② 面砖现场磨光 45°斜角工程量：120m。

2）《全统装饰 2002》套用

① 圆弧形外墙面砖套用（2-130）子目，并且，人工需乘以 1.15、材料面砖等用量需乘以 1.05 进行调整。

人工消耗量：　　$60\text{m}^2\times0.6143$ 工日/$\text{m}^2\times1.15=42.39$ 工日

150mm×75mm 面砖消耗量：　　$60\text{m}^2\times0.9312\text{m}^2/\text{m}^2\times1.05=58.67\text{m}^2$

其他材料略。

② 顶端面砖现场磨光 45°斜角套用（6-092）子目。

人工消耗量：　　120m×0.0918 工日/m＝11.02 工日

砂轮片消耗量：　　120m×0.323 片/m＝38.76 片

磨边机消耗量：　　120m×0.049 台班/m＝5.88 台班

（2）凡瓷砖厚度较薄（一般在 5mm 左右），用于室内墙柱面的，无论釉面砖或无釉砖、均按瓷板项目套用。凡厚度在 6mm 以上的釉面砖或无釉砖、彩釉砖均按釉面砖项目套用。

（3）面层、隔墙（间壁墙）、隔断消耗量标准内，除注明者外均未包括压条、收边、装饰线（板），如设计要求时，应按本分部相应消耗量标准计算。

（4）阳台栏板、斜挑檐执行外墙装修相应定额子目；雨罩、挑檐立板高度在 500mm 以内时，檐口执行零星项目的相应定额子目；高度超过 500mm 时，执行外墙装修相应定额子目。天沟的檐口遮阳板、池槽、花池、花台等均执行零星项目的相应定额子目（天沟的檐口遮阳板、池槽、花池、花台等的装修常漏算）。

（5）柱抹灰按结构断面周长乘高计算，柱饰面面积按外围饰面尺寸乘以高度计算。

【例 3-6】 20 根断面为 500mm×500mm 混凝土柱子，高 3 m。根据《全统装饰 2002》计算下列情况的消耗量。

（1）柱水刷白石子饰面，20mm 厚 1:2 水泥砂浆基层。

（2）干挂 25mm 厚白沙米黄大理石，装饰成 830 mm×830mm 柱，镀锌型钢骨架（20kg/m^2），混凝土柱干挂石材示意图见图 3-9。

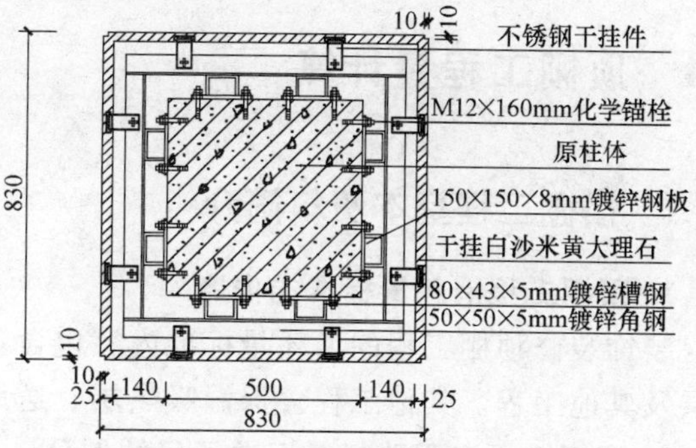

图 3-9　混凝土柱干挂石材示意图

【解】　工程量计算

（1）柱水刷白石子饰面的工程量（按结构表面积）

$$0.5\times4\times3\times20m^2=120m^2$$

（2）干挂 25mm 厚白沙米黄大理石工程量

1）干挂 25mm 厚白沙米黄大理石工程量（按结构表面积）：

$$0.83\times4\times3\times20m^2=199.2m^2$$

2）不锈钢骨架（按骨架表面积）：

$$(0.83-0.025\times2)\times4\times3\times20m^2=187.2m^2$$

$$20kg/m^2\times187.2m^2=3.744t$$

3）现场磨光 45°斜角工程量：

$$3\times8\times20m=480m$$

《全统装饰 2002》套用：

（1）柱水刷白石子饰面套用（2-007）子目。

人工消耗量：　$120m^2\times0.4899$ 工日/m^2 = 58.79 工日

1:2 水泥砂浆消耗量：　$120m^2\times0.0133m^3/m^2=1.59m^3$

1:1.5 水泥白石子浆消耗量：　$120m^2\times0.0112m^3/m^2=1.34m^3$

（2）干挂 25mm 厚白沙米黄大理石

1）干挂 25mm 厚白沙米黄大理石工程量套用（2-048）子目。

人工消耗量：　$199.2m^2\times1.1374$ 工日/m^2 = 226.57 工日

不锈钢连接件消耗量：　$199.2\ m^2\times7.9320$ 个/m^2 = 1580.05 个

白沙米黄大理石消耗量：　$199.2\ m^2\times1.06m^2/m^2=211.15m^2$

2）镀锌型钢骨架的制作安装套用（2-074）子目。

人工消耗量：　3.744t×26.7326 工日/t = 100.09 工日

镀锌型钢型材消耗量：　3.744t×1060kg/t = 3968.64kg

穿墙螺栓消耗量：　3.744t×530 套/t = 1984.3 套

3）现场磨光 45°斜角套用（6-092）子目。

人工消耗量：　480m×0.0918 工日/m = 44.06 工日

砂轮片消耗量：　480m×0.323 片/m = 155.04 片

磨边机消耗量：　480m×0.049 台班/m = 23.52 台班

3.4 顶棚工程量计算

3.4.1 顶棚工程基本资料简介

1. 顶棚工程消耗量标准的内容

装饰装修顶棚工程的消耗量标准内容包含：顶棚基层抹灰、顶棚中间层龙骨、顶棚饰面面层及其他工程。其他工程含保温吸热层、送风口安装、嵌缝。

2. 顶棚饰面工程消耗量标准子目的划分

顶棚面层的作用是装饰室内空间，常常还要具有一些特定的功能，如吸声、反射等。顶棚面层一般分为抹灰类、板材类及格栅类。顶棚饰面工程工程量根据消耗量标准内容的列项为：

（1）顶棚龙骨。

（2）顶棚基面层。

（3）顶棚饰面层。

（4）龙骨架的保温、防腐、防火。

（5）送（回）风口、顶棚走道板铺设等其他工程。

有些顶棚一个子目综合了龙骨、基层和饰面层等。

在消耗量标准内容的列项中又可以进一步细分子目：如顶棚龙骨按材料分为顶棚木龙骨、顶棚轻钢龙骨、顶棚铝合金龙骨；顶棚按结构形式分为上人型和不上人型；顶棚面层按标高分为一级、二级或三级顶棚；顶棚面层按主材规格分为 450mm × 450mm 以内、600mm ×600mm 以内、600mm ×600mm 以外；顶棚面层按基层材料分为有三合板基层和无三合板基层的面层；顶棚面层按材料分为木质面层、铝合金板面层、不锈钢板面层、塑料板面层、复合板面层等；顶棚面层按施工工艺分为搁在龙骨上、钉在龙骨上、贴在龙骨上；送（回）风口按材料分为柚木、铝合金、白铁皮、不锈钢、木制风口；龙骨架保温按所用材料分为玻璃纤维棉、岩棉、矿棉、聚苯乙烯泡沫板等。

3. 顶棚工程的各构造层次

顶棚的装饰装修往往体现了建筑室内的使用功能、建筑声学、建筑照明综合艺术形式的表现，同时在构造上考虑隐藏设备安装、管线埋设等和防火安全、维护检修等多方面的因素，从而使得相应的构造形式略显复杂，可归纳为直接式顶棚、悬吊式顶棚和艺术顶棚。

直接式顶棚是在屋面或楼板等底面上直接进行装饰加工，构造、施工较简单，室内净空高，工程造价较低，但这类顶棚没有隐藏管线等设备的内部空间。

悬吊式顶棚一般由预埋件及吊筋、中间层、面层三个基本层次构成，如图 3-10

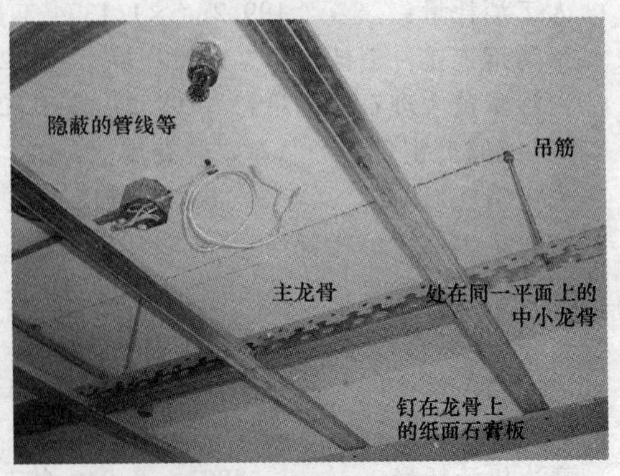

图 3-10　悬吊式顶棚图片

所示。

顶棚的中间层即骨架层，是一个包括主龙骨、次龙骨、小龙骨（或称主格栅、次格栅）所形成的网格骨架体系。也是吊顶中起连接作用的构件，它与吊杆连接，为吊顶饰面层提供安装节点。其作用主要是承受顶棚的荷载，并由它将这一荷载通过吊筋传递给楼盖或屋顶的承重结构。常见的不上人吊顶一般用木龙骨、轻钢龙骨和铝合金龙骨；上人吊顶的龙骨，其作用是为使用过程中，承载上人检查线路、管道、喷淋等设备以及在龙骨上做人行通道的重量，因此要用型钢承载龙骨或大断面木龙骨。在吊顶上安装管道以及大型设备的龙骨必须注意承重结构设计，以保证安全。常需要得到原结构设计单位验证装饰装修施工图，以防出现荷载过大引起的安全问题。

以下简要介绍顶棚中常用龙骨：

（1）轻钢龙骨。轻钢龙骨是采用薄壁带钢，经冷弯机滚轧冲压成形（黑铁皮出厂前要涂两层防锈漆）的骨架支承材料。这种龙骨的规格类型按照承受荷载的要求，主要分为U形和T形两种，其中T形一般为不上人龙骨。根据承载力不同，龙骨的高度有38mm、50mm和60mm等主要规格；以U形龙骨为例，主要规格为UC38、UC50和UC60：其中UC38安装时，顶棚吊点距离为900~1200mm，不上人；UC50吊点距离同UC38，可承重800N的检修荷载，UC60吊点距离1500mm，可承重1000N检修荷载。

（2）形钢龙骨。型钢龙骨即用型钢作为主龙骨，再用角钢、T形钢或方管钢做次龙骨。型钢主龙骨的间距为1500~2000mm，槽钢、角钢的选用，其型号应根据荷载的大小确定。次龙骨间距为500~700mm，或根据面板尺寸确定，其型号依设计而定可选用角钢、T形钢或型铝。连接方法：型钢边龙骨与吊杆常采用螺栓连接；主、次龙骨之间采用铁卡子、弯钩、螺栓或焊接。

（3）铝合金龙骨。是以铝带、铝合金型材经冷弯或冲击而成的吊顶骨架，或以轻钢为内骨，外套铝合金的骨架支承材料。一般用于对室内装饰要求较高的走廊、厅堂、卫生间等的顶棚装饰。

艺术顶棚是指那些带有弧线或造型复杂的顶棚，包含锯齿型顶棚、阶梯型顶棚、吊挂式顶棚、藻井式顶棚等，在《全统装饰2002》482页有其断面示意图。

3.4.2 顶棚工程工程量计算规则及计算实例

1. 顶棚饰面工程工程量计算规则

（1）计算规则

1）各种吊顶顶棚龙骨按主墙间净空面积计算，不扣除间壁墙、检查洞、附墙烟囱、柱、垛和管道所占面积。

2）顶棚基层按展开面积计算。

3）顶棚装饰面层按主墙间实钉（胶）面积以平方米计算，不扣除间壁墙、检查口、附墙烟囱、垛和管道所占面积，但应扣除0.3m^2以上的孔洞、独立柱、灯槽及与顶棚相连的窗帘盒所占的面积。

4）本章定额中龙骨、基层、面层合并列项的子目，工程量计算规则同第一条。

5）板式楼梯底面的装饰工程量按水平投影面积乘1.15系数计算，梁式楼梯底面按展开面积计算。

6）灯光槽按延长米计算。

7）保温层按实铺面积计算。

8）网架按水平投影面积计算。

9）嵌缝按延长米计算。

10）顶棚中的假梁、折线、叠线等圆弧形、拱形、特殊艺术形式的顶棚饰面，均按展开面积计算。

（2）规则释义

1）消耗量标准龙骨的种类、间距、规格和基层、面层材料的型号、规格是按常用材料和常用做法考虑的，如设计要求不同时，材料可以调整，但人工、机械不变。消耗量标准中轻钢龙骨、铝合金龙骨为双层结构（中小龙骨紧贴大龙骨底面吊挂）。如使用单层结构（指大龙骨和中龙骨的底面处于同一水平面上的一种结构），人工乘以系数0.85。

消耗量标准中木龙骨规格：主龙骨为60mm×80mm，中距1200mm；次龙骨为40mm×50mm，中距455mm×455mm；吊木筋为40mm×50mm。设计规格不同时，允许换算，人工及其他材料不变。

2）顶棚抹灰工程量按以下规定计算：顶棚抹灰面积按主墙间的净面积计算，不扣除间壁墙、垛、柱、附墙烟囱、检查口和管道所占的面积。带梁顶棚，梁两侧抹灰面积并入顶棚抹灰工程量内计算。檐口顶棚的抹灰面积并入相同的顶棚抹灰工程量内计算。顶棚中的折线、灯槽线、圆弧形线、拱形线等艺术形式的抹灰按展开面积计算。

3）顶棚面层在同一标高者为平面顶棚；顶棚面层不在同一标高者，且高差在200mm以上者为跌级顶棚（面层标高总高差在200mm以内者为平面），圆弧形顶棚龙骨套用跌级顶棚消耗量标准子目，人工费都乘系数1.1。

4）顶棚检查孔的工料已包括在消耗量标准子目内，不另计算。

5）阳台底面装修执行顶棚工程的相应子目；雨罩、挑檐顶面装修执行屋面工程的相应消耗量标准子目，底面装修执行顶棚工程的相应消耗量标准子目。注意雨罩、挑檐顶面的装修常误执行顶棚工程的相应消耗量标准子目或者干脆漏算。

6）顶棚抹灰装饰线，其工程量分别按三道线以内或五道线以内以延长米计算。三道线或五道线不是指三条线或五条线，而是以一个突出的棱角为一道线。

2. 顶棚装饰装修工程工程量计算要点及实例

（1）顶棚工程消耗量标准中名词术语

1）浮搁式顶棚和嵌入式顶棚。浮搁式是指将饰面板搁在龙骨框的纵横框格内，龙骨外露成压条边，这样的面板更换安装方便，又称活动式。嵌入式是指在龙骨底面装钉饰面板，将龙骨全部包住，使面板形成一个整体平面，又称隐蔽式。

2）铝扣板、钙塑板、铝塑板、PVC塑料板。铝扣板用轻质铝板一次冲压成形，外层再用特种工艺喷涂漆料，长期使用也不褪色，施工比较简洁，不易变形，可防火、防潮、防静电，吸声隔声，且美观实用。钙塑板是以高压聚乙稀为基材，加入大量轻质碳酸钙及少量辅助剂，经塑炼、热压、发泡等工艺过程制成，这种板材轻质、隔声、隔热、防潮。铝塑板（又称铝塑复合板）以经过化学处理的涂装铝板为表层材料，用聚乙烯塑料为芯材，在专用铝塑板生产设备上加工而成的复合材料。PVC是聚氯乙烯树脂的简称，以PVC为基料，加入增塑剂、稳定剂、颜料、填料、润滑剂等，一定温度下经捏和、混炼、拉片、切粒、挤出或压铸成型，冷却定型后即制成 PVC 塑料板（见图 3-11）。

图 3-11　顶棚铝扣板、钙塑板、铝塑板、PVC 塑料板图片

（2）消耗量标准的顶棚工程量是分龙骨、基层、面层来列项计算，三者虽然指同一顶棚，但是以不同工程量规则来计算。如顶棚龙骨按主墙间净空面积计算，不扣除间壁墙、检查洞、附墙烟囱、柱、垛和管道所占面积；顶棚基层按展开面积计算；顶棚装饰面层按主墙间实钉（胶）面积以平方米计算，不扣除间壁墙、检查口、附墙烟囱、垛和管道所占面积，但应扣除 0.3m^2 以上的孔洞，独立柱、灯槽及与顶棚相连的窗帘盒所占的面积。

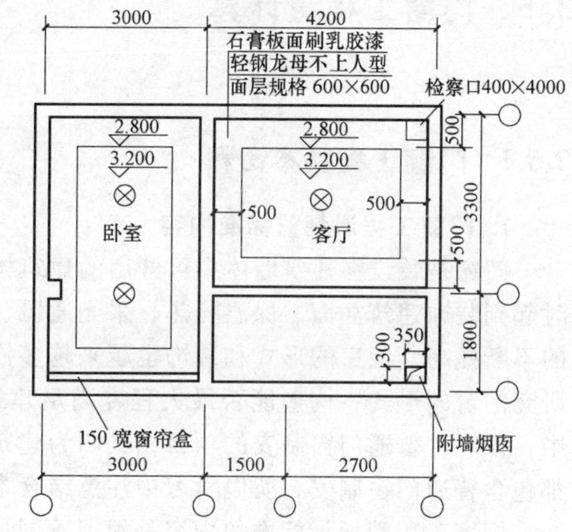

图 3-12　小住宅顶棚平面图

【例 3-7】　计算图 3-12 所示两房间吊顶顶棚装修工程量。

【解】　由图 3-12 可知顶棚装修分龙骨制安、基层板和面层的安装，故工程量分别计算。

两间房子顶棚投影面积 $=2.76\times4.86\text{m}^2+3.96\times3.06\text{m}^2=25.53\text{m}^2$

迭落处增加面积 $=[(2.76-0.5\times2+4.86-0.5\times2)\times2\times0.4+(3.96-0.5\times2+3.06-0.5\times2)\times2\times0.4]\text{m}^2=8.51\text{m}^2$

窗帘盒平面面积 $=2.76\times0.15\text{m}^2=0.414\text{m}^2$

① 龙骨工程量 $=25.53\text{m}^2$（不增加迭落处增加面积也不扣除检查洞、垛所占面积）。

② 基层板工程量 $=(25.53+8.51-0.414)\text{m}^2=33.63\text{m}^2$（基层板与面层装修部位相同，则工程量一致，若有不同基层板按本身铺设的展开面积计算，但遵循：不扣除间壁墙、检查洞、附墙烟囱、柱、垛和管道所占面积但应扣除 0.3m^2 以上的孔洞、独立柱、灯槽及与顶棚相连的窗帘盒所占的面积）。

③ 面层板工程量 $=(25.53+8.51-0.414)\text{m}^2=33.63\text{m}^2$（增加迭落处增加面积，不扣除检查洞、垛所占面积，但要扣除窗帘盒所占面积）。

（3）预制板底面勾缝一般包含在抹灰、刮腻子中，不单独计算。当预制板底不抹灰，而直接吊顶时，此时应单独计算预制板勾缝。

(4) 窗帘盒的工程量按图示长度以米计算。若设计图样未注明尺寸，可按窗框外围宽度两端加 30cm 计算。

(5) 单层龙骨顶棚和双层龙骨顶棚的区别：

单层龙骨顶棚是指大龙骨和中龙骨的底面处于同一水平面的一种顶棚结构。双层龙骨顶棚是指在大龙骨下面钉有一层中小龙骨的一种顶棚结构。一般双层结构可以承重或上人。

【例 3-8】 图 3-12 所示顶棚装修，顶棚做法改为：H 形矿棉吸音板轻钢龙骨吊顶，迭落顶棚四周粘贴 100mm×10mm 石膏装饰条。计算顶棚装修工程量。

【解】 因为 H 形矿棉吸音板轻钢龙骨吊顶顶棚是龙骨、面层在消耗量标准中合并列项的子目，根据消耗量标准第四条工程量，按主墙间净空面积计算，不扣除间壁墙、检查洞、附墙烟囱、柱、垛和管道所占面积。故而顶棚装修工程量为

$$(2.76\times4.86+3.96\times3.06)\mathrm{m}^2=25.53\mathrm{m}^2$$

100mm×10mm 石膏装饰条工程量：

$$[(2.76-0.5\times2+4.86-0.5\times2)\times2+(3.96-0.5\times2+3.06-0.5\times2)\times2]\mathrm{m}=21.28\mathrm{m}$$

3.5 门窗工程量计算

3.5.1 门窗工程基本资料

1. 门窗工程消耗量标准内容

门窗是装设在建筑墙体中可开启的建筑构件，它的主要作用是联系、分隔建筑空间，同时起到装饰建筑立面、保温隔热、采光通风、防护等作用。随着生产技术和人们艺术鉴赏力的不断提高，门窗的形式和装饰也越来越多样化。如今除了考虑实用、美观之外，更多的是研究门窗的形式、构造能否最大程度满足建筑物的节能要求。(在《全统装饰 2002》子目中，没有含普通门窗制安的项目，其归为建筑工程内。但在各省消耗量标准中装饰装修工程都包含普通门窗制安，所以学习中注意结合本省的消耗量标准学习普通门窗的制作安装)。

门窗工程消耗量标准的内容是根据不同种类门窗来研究其制作、安装的消耗量多少，包含门窗套、窗台板、窗帘轨道、闭门器安装等工程。

2. 门窗工程消耗量标准项目的划分

门窗工程消耗量标准的项目划分是按门窗材料来分的：木门窗、塑料门窗、铝合金门窗、钢门窗、玻璃钢门窗、钢筋混凝土花格窗等，再按门窗的开启方式类为：平开门窗(门窗扇向内开或向外开)、推拉门窗 (门窗扇启闭采用横向移动方式)、折叠门 (开启时门扇可以折叠在一起)、转门窗 (门窗扇以转动方式启闭，其中转窗包括上悬窗、下悬窗，中悬窗、立转窗等)、弹簧门 (装有弹簧合页的门，开启后会自动关闭)、其他门 (包括卷帘门、升降门、上翻门、保温门、防火门、隔声门等)。但此章节中不包含以木结构工程为主的厂库房大门、钢木大门和其他材料的特种门，其归于建筑工程木结构工程部分。

3. 门窗工程装饰装修构造层次

以普通住宅中常见门类型说说门扇的构造：

（1）镶板门。门扇由骨架和门芯板组成。门芯板可为木板、胶合板、硬质纤维板、塑料板、玻璃等。门芯板为玻璃时，则为玻璃门。门芯为纱或百页时，则为纱门或百页门。也可以根据需要，部分采用玻璃、纱或百页，如上部玻璃、下部百页组合等方式。

（2）夹板门。又称胶合板门。中间为轻型骨架，两面贴胶合板、纤维板等薄板的门。一般为室内门，整体装饰效果好。

（3）拼板门。用木板拼合而成的门，坚固耐用，多为大门。

（4）百叶门、窗的主体由一些横板条组成，并且板条间有较为均匀的空隙以便通风透气，从而组成鱼鳞状的百叶门、窗。

了解施工图以及消耗量标准中涉及门窗中的部位名称，能帮助我们很好地计量。图3-13以玻璃门介绍门的各细部名称，图3-14介绍了装饰夹板门的构成层次。门、窗依据材质上不同进行分类，在结构形式和使用上差不多。因为窗户是室内室外一个合理交流与互换的构件，所以一般窗户都有玻璃等透明、半透明材料，只是开启方式不同，如推拉窗（包括左右推拉窗、上下推拉窗）和平开窗（包括内开窗和外开窗）外，还有一种上悬式开启的窗。

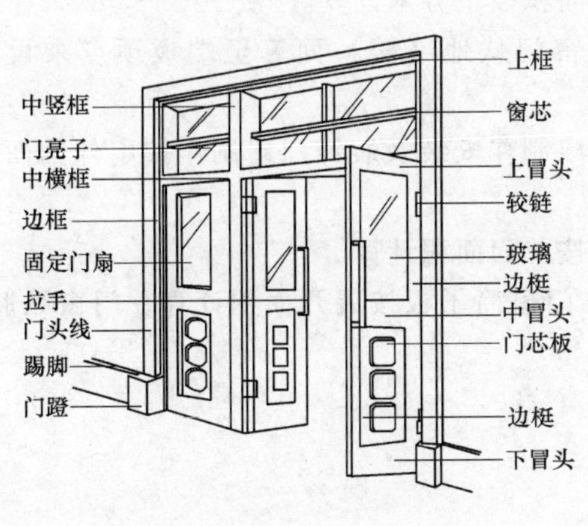

图 3-13　门的细部名称

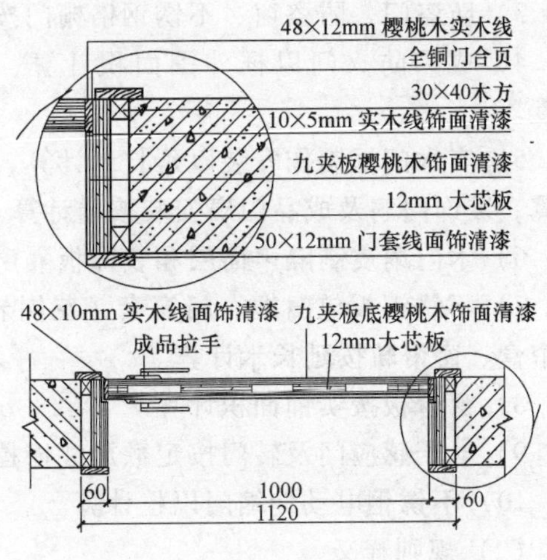

图 3-14　装饰夹板门的构造详图

（1）推拉窗。优点是简洁、美观，玻璃块大，视野开阔，采光率高，擦玻璃方便，使用灵活，安全可靠，使用寿命长，在一个平面内开启，占用空间少，安装纱窗方便等。目前采用最多的就是推拉窗。缺点是两扇窗户最多只能打开一半，通风性相对差一些，有时密封性也稍差。

（2）平开窗。优点是开启面积大，通风好，密封性好，隔声、保温、抗渗性能优良，内开式的擦窗方便，外开式的开启时不占空间。缺点是视野不开阔，外开窗开启要占用墙外的一块空间，刮大风时易受损；而内开窗更是要占去室内的部分空间。使用纱窗也不方便，开窗时使用纱窗、窗帘等也不方便，如质量不过关，还可能渗雨。

（3）上悬式。这是后来才出现的一种铝合金、塑钢窗。它是在平开窗的基础上发展出来的新形式。它有两种开启方式，既可平开，又可从上部推开。平开窗关闭时，向外推窗户的上部，可以打开一条十厘米左右的缝隙，也就是说，窗户可以从上面打开一点，打开的部分悬在空中，通过铰链等与窗框连接固定，因此称为上悬式。它的优点是：既可以通风，又可以保证安全，因为有铰链，窗户只能打开十厘米的缝，从外面手伸不进来，特别适合家中无人时使用。最近，这种功能已不仅局限于平开的窗子，推拉窗也可以上悬式开启。

（4）组合窗。可以分两种：进框式和靠框式。进框式即组合窗中悬窗扇关闭后，扇梃全部进入窗框裁口之内的形式；靠框式即中悬窗扇关闭后，扇下冒靠在窗框之外，窗下冒底面与窗下框顶面交错15mm，窗下框不裁口的形式。

3.5.2 门窗工程工程量计算规则及计算实例

1. 门窗工程工程量计算规则

（1）计算规则

1）铝合金门窗、彩板组角门窗、塑钢门窗安装均按洞口面积以平方米计算，纱扇制作安装按扇外围面积计算。

2）卷闸门安装按其安装高度乘以门的实际宽度以平方米计算，安装高度算至滚筒顶点为准，带卷筒罩的按展开面积增加。电动装置安装以套计算，小门安装以个计算，小门面积不扣除。

3）防盗门、防盗窗、不锈钢格栅门按框外围面积以平方米计算。

4）成品防火门以框外围面积计算，防火卷帘门从地（楼）面算至端板顶点乘设计宽度。

5）实木门框制作安装以延长米计算，实木门扇制作安装及装饰门扇制作按扇外围面积计算，装饰门扇及成品门扇安装按扇计算。

6）木门扇皮制隔声面层和装饰板隔声面层，按单面面积计算。

7）不锈钢板包门框、门窗套、花岗岩门套、门窗筒子板按展开面积计算，门窗贴脸、窗帘盒、窗帘轨按延长米计算。

8）窗台板按实铺面积计算。

9）电子感应门及转门按定额尺寸以樘计算。

10）不锈钢电动伸缩门以樘计算。

（2）规则释义

1）铝合金门窗是用铝合金的型材，经过生产加工制成门窗框料构件，再与连接件、密封件、开闭五金件一起组合装配而成的轻质金属门窗。加工厂至现场堆放地点有一定距离，发生的运费应另列项目单独计算。铝合金门窗制作、安装项目不分现场或施工企业附属加工厂制作，均执行本消耗量标准。

2）铝合金地弹门制作型材（框料）按 101.6mm×44.5mm、厚 1.5mm 方管制定。单扇平开门、双扇平开窗按 38 系列制定，推拉窗按 90 系列（厚 1.5mm）制定。如实际采用的型材断面及厚度与消耗量标准取定规格不符者，可按图示尺寸乘以线密度加 6% 的施工损耗计算型材质量。其中 38、90 系列等指框料铝合金型材的总厚（高）度尺寸。由于门窗的边框、边梃、横框、冒头等的断面形式有所不同，但型材总厚（高）应有一个标准尺寸以便定型生产，这个标准尺寸常用的有 38mm、60mm、90mm 等，在这个尺寸控制下，根据使用部位不同，有不同的断面形式，故称为系列。

3）装饰板门扇制作安装按木骨架、基层、饰面板面层分别计算，基层和饰面板一般为大芯板和榉木夹板。也有采用彩色钢板作为饰面板的彩钢板门窗，门窗的型材原料是用彩色涂层钢卷，其基板为小型花平整板、合金化镀锌板。因此门窗安装后不需再行涂漆，减少门窗的安装工作量和维修工作量。

4）成品门窗安装项目中，门窗附件按包含在成品门窗单价内考虑：铝合金门窗制作、安装项目中未含五金配件，五金配件按本章附表选用。

2. 门窗工程工程量计算要点及实例

（1）门窗套。在门窗洞口的两个立边垂直面，可突出外墙形成边框，也可与外墙平齐，既要立边垂直平整又要满足与墙面平整，这好比在门窗外罩上一个正规的套子，人们习惯称之为门窗套。有些省的消耗量标准中，把包门窗套分成了门窗贴脸及硬木筒子板两个内容分别套用消耗量标准。其中门窗贴脸——当门窗框与内墙面平齐时，总有一条与墙面的明显的缝口，在门窗使用筒子板时也存在这个缝口，为了遮盖此缝口而装订的木板盖缝条就叫贴脸，另外与门相接的为筒子板（图 3-15）。

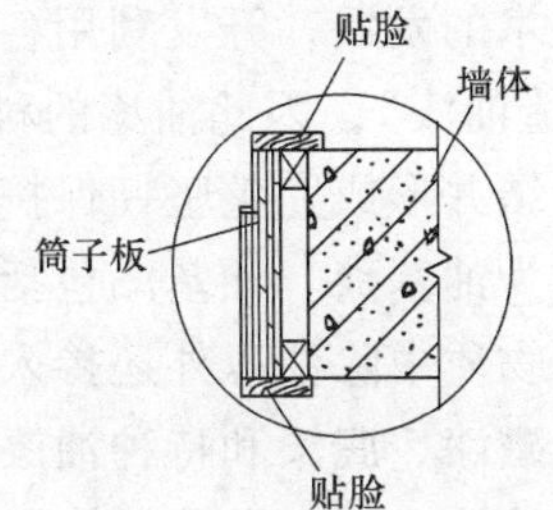

图 3-15　贴脸与筒子板

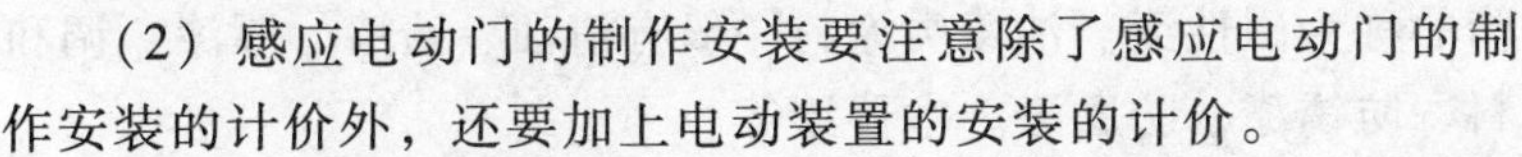

（2）感应电动门的制作安装要注意除了感应电动门的制作安装的计价外，还要加上电动装置的安装的计价。

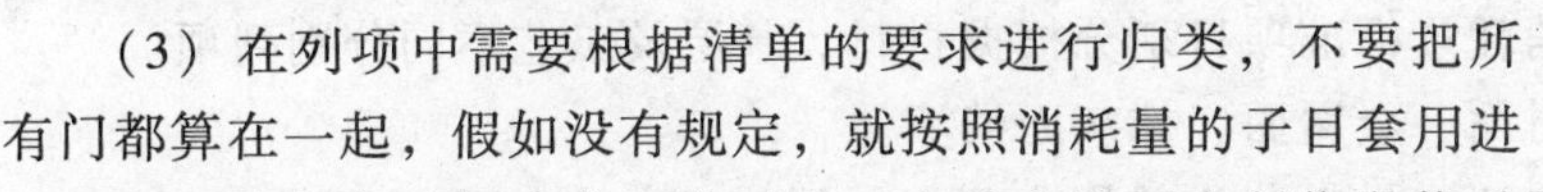

（3）在列项中需要根据清单的要求进行归类，不要把所有门都算在一起，假如没有规定，就按照消耗量的子目套用进行分类。在各省的标准中，有时小五金的安装不在制作安装子目中，要注意加上。大五金的安装不含在门窗制安子目中，需要另行套用标准。

【例 3-9】 某 6 层小住宅门窗表见表 3-1，计算门窗工程量。

【解】 依据门窗表和《全统装饰 2002》门窗计算规则。

表 3-1　住宅门窗表

序　号	名　称	规　格	数　量	备　注
1	M—1 入户防盗门	1000×2100	6	
2	M—2 双扇地弹门	1500×2700	6	铝合金带亮子
3	M—3 普通木门	900×2100	12	
4	C—1 铝合金窗	1200×1200	6	带防盗网
5	C—2 铝合金窗	1500×1800	18	
6	C—3 铝合金窗	1200×900	6	

M—1 入户防盗门的制安：$S=1.0\times2.1\times6\text{m}^2=12.6\text{m}^2$

M—2 双扇地弹门的制安：$S=1.5\times2.7\times6\text{m}^2=24.3\text{m}^2$

M—3 普通木门的制安：$S=0.9\times2.1\times12\text{m}^2=22.68\text{m}^2$

消耗量标准则套用建筑工程部分，各省按照本省的消耗量标准子目套用。

C—1 铝合金推拉窗的制安：$S=1.2\times1.2\times6\text{m}^2=8.64\text{m}^2$

C—2 铝合金推拉窗的制安：$S=1.5\times1.8\times18\text{m}^2=48.6\text{m}^2$

C—3 铝合金推拉窗的制安：$S=1.2\times0.9\times6\text{m}^2=6.48\text{m}^2$

铝合金推拉窗制安工程量为 $(8.64+48.6+6.48)\text{m}^2=63.72\text{m}^2$

纱窗的制安工程量为 $(4.32+24.3+3.24)\text{m}^2=31.86\text{m}^2$

防盗网的制安另计算。

3.6 油漆、涂料、裱糊工程量计算

3.6.1 油漆、涂料、裱糊工程基本资料简介

1. 油漆、涂料工程消耗量标准内容和项目的划分

油漆是人们沿用已久的习惯名称。古代从漆树上获得天然树脂制作的涂料，称之大漆。以后人工漆均以干性或半干性植物油为成膜物质，极少是无油的，所以称其为油漆。随着科学技术的发展，开发利用各种有机合成树脂及改性油或合成油，用其配制的涂料随习惯称为“人造油漆”，因此油漆的科学名称应该叫“有机涂料”。凡涂饰于物体表面能与基体材料很好粘结并形成完整坚韧保护膜的物料，称为涂料。油漆的成膜物质部分或全部采用油料的，统称为油基漆。油基漆包括油性漆和磁性漆两类，凡是成膜物质全部是油料的称为油性漆，成膜物质中除油以外还掺入树脂的称为磁性漆。油漆类涂料一般有清油、清漆、厚漆、调和漆、磁漆、底漆和特种油漆涂料、防锈漆、防腐漆、木器漆等。

油漆、涂料及裱糊工程消耗量标准项目划分根据材料、基层及工艺不同分别列项。

按油漆基层材料分为木材面、金属面、抹灰面油漆。

木材面油漆按油漆部位和油漆材料分为单层木门、单层木窗、木扶手（不带托板）、其他木材面层；木地板分别涂刷喷调和漆、聚氨酯漆、酚醛清漆、醇酸清漆、硝基清漆、过氯乙烯漆、防火漆等。

金属面油漆按油漆部位和油漆材料分为单层钢门、单层钢窗；其他金属面分别涂刷喷调和漆、红丹防锈漆、醇酸磁漆、沥青漆、银粉漆、过氯乙烯漆、防火漆等。

抹灰面油漆按油漆部位和油漆材料分为楼地面、墙柱面、顶棚面、拉毛面油漆等，分别涂（刷）喷调和漆、乳胶漆、过氯乙烯漆、乙烯漆类、航标漆、水性水泥漆、真石漆等。

涂料按粉刷部位和材料分为墙面、柱面、顶棚面、梁面，分别涂刷（喷）喷塑、多彩涂料、彩砂喷涂、浮雕喷涂料、好涂壁、888 仿瓷涂料、钢化涂料、803 涂料、JH802 涂料、106 涂料、改进 707 涂料、大白浆等。

2. 油漆、涂料工程施工资料简介

喷（刷）、涂主要有以下几种施工方法：

（1）刷涂。用刷子蘸油刷在物体表面上，顺木纹及光线的方向进行。宜用于油料状或云母片状涂料。

（2）刷油。一般程序为：先对金属表面除锈，然后刷底漆，再刷面漆。油漆涂刷后，逐渐干燥硬化成一种与基层材料粘结牢固的薄膜，使其与外界空气及一些腐蚀性物质隔开，以达到防腐的作用，同时还可以获得一定的美观效果。

（3）喷塑。一般的施工程序为清扫、清铲、修补、门窗框贴粘合带、遮盖门窗洞口、调制、刷底油、喷塑、胶辘、压平、刷面油等。

（4）喷涂。用喷枪（把泵送灰浆喷涂在基层的专用机具，可分为气压式和非气压式两类）等工具，利用空气压缩时形成的气流，将涂料（包括油漆）喷成雾状散布到物体表面上。喷涂每层时应往复进行，纵横交错，一次不能太厚，若需喷厚油漆时，应分几次完成，以达到规定厚度但不流坠为限。采用这种施工方法的优点是施工简单，工效高，油膜分散均

匀且光滑平整，干燥也较快，但材料消耗较多，施工时应有防火、通风、防爆等安全措施。喷涂机械常用于建筑工程的内外墙、顶棚的喷涂装饰施工。常用的有喷浆机、空气压缩机、斗式喷枪、喷漆枪和高压无气喷涂机等。

（5）喷油。人造漆的一种，用硝酸纤维素、树脂、颜料、溶剂等制成。通常用喷枪均匀地喷在物体表面，其优点是耐水、耐机油、干得快，用于漆汽车、飞机、木器、皮革等。

除以上几种施工方法以外，还有如下几种主要的操作方法：弹涂、滚涂、擦涂、揩涂。

【施工实例1】 以过氯乙烯防腐漆五遍成活工序为例：底漆一遍——过氯乙烯底漆与过氯乙烯稀释剂；金属接缝，抹腻子；喷磁漆两遍——过氯乙烯磁漆与过氯乙烯稀释剂；喷清漆两遍——过氯乙烯清漆与过氯乙烯稀释剂。

【施工实例2】 外墙喷塑时的施工工艺：

12mm厚1:3水泥砂浆；8mm厚1:2.5水泥砂浆抹面；约2mm厚喷塑面（含底涂料、骨料、面涂料、罩光涂料共四道）；总厚度为22mm。

如今出现很多新材料、新工艺，如多彩喷涂等，应以相关手册、生产厂家的产品介绍及其他说明资料计算材料用量，在此基础上，再考虑同类型材料或相近项目之间的平衡而确定材料的消耗量水平。

3. 裱糊工程消耗量标准内容和项目的划分

裱糊即用墙纸或墙布装饰在内墙面上，形成一定的装饰效果。其施工方法是：首先对不同的基层按不同清理方法处理，清除浮杂物，并对墙面缺陷进行修补，刷底油，用腻子填平，用砂纸磨光，配置好用于粘贴的墙纸（布）、胶水等工具和材料，再按相应工艺刷胶于基层表面和墙纸背面，裁好墙纸（布），贴装壁纸。

裱糊工程按裱糊部位分为墙面、顶棚面裱糊墙纸、金属墙纸、织锦缎等装饰面。

墙纸按花形分为对花、不对花（即裁缝处图案不吻合）。

3.6.2 油漆、涂料、裱糊工程工程量计算规则、计算要点及计算实例

1. 油漆、涂料、裱糊工程工程量计算规则

（1）计算规则

1）楼地面、顶棚、墙、柱、梁面的喷（刷）涂料、抹灰面油漆及裱糊工程，均按附表（表3-2）相应的计算规则计算。

2）木材面的工程量分别按附表（表3-2）相应的计算规则计算。

3）金属构件油漆工程量按构件质量计算。

4）定额中的隔墙、护壁、柱、顶棚木龙骨及木地板中木龙骨带毛地板，刷防火涂料工程量计算规则如下：

① 隔墙、护壁木龙骨按其面层正立面投影面积计算。

② 柱木龙骨按其面层外围面积计算。

③ 顶棚木龙骨按其水平投影面积计算。

④ 木地板中木龙骨及木龙骨带毛地板按地板面积计算。

5）隔墙、护壁、柱、顶棚面层及木地板刷防火涂料，执行其他木材面刷防火涂料相应子目。

6）木楼梯（不包括底面）油漆，按水平投影面积乘以2.3系数，执行木地板相应子目。

表 3-2 附表

1. 木材面油漆

执行木门定额工程量系数表

项目名称	系数	工程量计算方法
单层木门	1.00	按单面洞口面积计算
双层(一玻一纱)木门	1.36	
双层(单裁口)木门	2.00	
单层全玻门	0.83	
木百叶门	1.25	

执行木窗定额工程量系数表

项目名称	系数	工程量计算方法
单层木窗	1.00	按单面洞口面积计算
双层(一玻一纱)木窗	1.36	
双层框扇(单裁口)木窗	2.00	
双层框三层(二玻一纱)木窗	2.60	
单层组合窗	0.83	
双层组合窗	1.13	
木百叶窗	1.50	

执行木扶手定额工程量系数表

项目名称	系数	工程量计算方法
木扶手(不带托板)	1.00	按延长米计算
木扶手(带托板)	2.60	
窗帘盒	2.04	
封檐板、顺水板	1.74	
挂衣板、黑板框、单独木线 100mm 以外	0.52	
挂镜线、窗帘棍、单独木线 100mm 以内	0.35	

执行其他木材面定额工程量系数表

项目名称	系数	工程量计算方法
木板、纤维板、胶合板顶棚	1.00	长×宽
木护墙、木墙裙	1.00	
窗台板、筒子板、盖板、门窗套、踢脚线	1.00	
清水板条顶棚、檐口	1.07	
木方格吊顶顶棚	1.20	
吸音板墙面、顶棚面	0.87	
暖气罩	1.28	
木间壁、木隔断	1.90	单面外围面积
玻璃间壁露明墙筋	1.65	
木栅栏、木栏杆(带扶手)	1.82	
衣柜、壁柜	1.00	按实刷展开面积
零星木装修	1.10	展开面积
梁、柱饰面	1.00	展开面积

（续）

2. 抹灰面油漆、涂料、裱糊		
项目名称	系数	工程量计算方法
混凝土楼梯底（板式）	1.15	水平投影面积
混凝土楼梯底（梁式）	1.00	展开面积
混凝土花格窗、栏杆花饰	1.82	单面外围面积
楼地面、顶棚、墙、柱、梁面	1.00	展开面积

（2）规则释义

1）本消耗量标准刷涂、刷油采用手工操作；喷塑、喷涂采用机械操作。操作方法不同时，不予调整。

2）喷涂、喷塑消耗量标准已包括底层抹灰工程量，如设计不同可以换算。

3）墙、柱、梁、顶棚面喷塑的工程量均按喷塑的面积计算，不同花点大小、平面或立面应分别计算其工程量。

4）消耗量标准中单层木门刷油是按双面刷油考虑的，如采用单面刷油，其消耗量标准含量乘以 0.49 系数计算。

5）消耗量标准中的双层木门窗（单裁口）是指双层框扇。三层二玻一纱窗是指双层框三层扇。

6）油漆工程已综合考虑了门窗贴脸、披水条、盖口条油漆以及同一平面上的分色和门窗内外分色，执行中不得另计。如需做美术图案者另行计算。

7）消耗量标准规定的喷、涂、刷遍数，如与设计要求不同时，可按每增加一遍消耗量标准项目调整。

8）喷塑（一塑三油）：底油、装饰漆、面油，其规格划分如下：

大压花：喷点压平，点面积在 $1.2cm^2$ 以上；

中压花：喷点压平，点面积在 $1\sim1.2cm^2$；

喷中点、幼点：喷点面积在 $1cm^2$ 以下。

9）本章木扶手油漆消耗量标准为不带托板考虑。

2. 油漆、涂料、裱糊工程工程量计算要点及实例

（1）区分木门窗油漆和其他木材面油漆的工程量计算规则，都是按附表相应的计算规则计算，但也有规律可循，基本参照油漆构件的制作工程量来计算，但注意需要乘以规定的系数。

（2）油漆工程量的计算一定要分清楚被油漆的材质，然后查表得到计算规则。如木栏杆属于木材面，其工程量按单面外围面积乘以系数 1.82；钢栏杆属于金属面，其工程量按构件质量计算；混凝土栏杆、花格栏杆属于抹灰面，其工程量按单面外围面积乘以系数 1.82。

（3）油漆、涂料、裱糊往往是构件制作的一道工序，故而在组价中合在制作的清单项目里。消耗量标准的套用还是在本章中查找。

【例 3-10】 计算图 3-16 所示卧室、客厅内墙刷墙漆装修工程量（墙面净高 2.8m，门窗表见表 3-1）。

【解】 依据《全统装饰 2002》抹灰面油漆涂料计算规则计算如下：

根据表 3-1 门洞处开口墙面面积为

$[1.0\times2.1+1.5\times2.7\times2(\text{双面})+0.9\times2.1\times2]\text{m}^2=13.98\text{m}^2$

根据表 3-1 窗洞处开口墙面面积为

$(1.2\times1.2+1.5\times1.8\times2)\text{m}^2=6.84\text{m}^2$

附墙柱增加面积：$0.12\times2.8\times2\text{m}^2=0.67\text{m}^2$

墙面墙漆工程量 $S=[(3-0.24)+(5.1-0.24)]\times2\times2.8\text{m}^2+[(4.2-0.24)+(3.3-0.18)]\times2\times2.8\text{m}^2-13.98\text{m}^2-6.84\text{m}^2+0.67\text{m}^2=62.17\text{m}^2$

注：因为规则是按墙面装饰规则计算，那么门窗开口处应扣减，0.37×0.12 的墙垛侧面增加的面积加入。

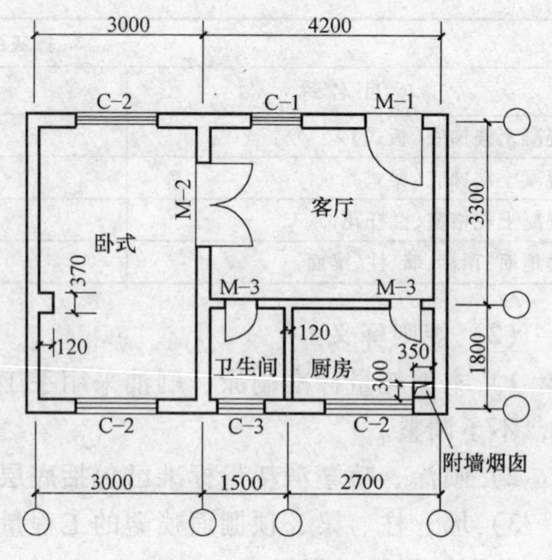

图 3-16 住宅平面图

【例 3-11】 计算图 3-16 所示卧室的墙面装修工程量并套用消耗量标准（做法：墙面粘贴对花壁纸，门窗洞口侧面贴壁纸 100mm，墙面净高 2.8m，踢脚板高 150mm，墙面与顶棚交接处粘定 41mm×85mm 木装饰顶角线，木线条润油粉、刮腻子、漆片、刷硝基清漆、磨退出亮）。

【解】 依据《全统装饰 2002》油漆、涂料、裱糊工程量计算规则可知：

墙纸裱糊工程量＝内墙净长×裱糊高度－门窗洞口面积＋洞口侧面面积

(1) 墙面粘贴对花壁纸＝

$S=(3-0.24)\times2\times(2.8-0.15)\text{m}^2+(5.1-0.24)\times2\times(2.8-0.15)\text{m}^2-1.5\times1.8\times2\text{m}^2-1.5\times(2.7-0.15)\text{m}^2+0.12\times2\times(2.8-0.15)\text{m}^2+(1.5+1.8)\times2\times2\times0.1\text{m}^2+(1.5+2.7\times2-0.15\times2)\times0.1\text{m}^2=33.78\text{m}^2$

(2) 41×85 木装饰顶角线工程量＝$(3-0.24+5.1-0.24)\times2\text{m}+(0.12\times2)=15.48\text{m}$

41×85 木装饰顶角线油漆工程量＝$15.48\times0.35\text{m}=5.42\text{m}$

注：因为木装饰顶角线属于木材面，执行木扶手定额工程量，其工程量计算为按延长米计算乘以系数 0.35。

(3)《全统装饰 2002》套用

墙面粘贴壁纸套用（5-288）子目。

41×85 木装饰顶角线套用（6-077）子目，注：在下节内容可知顶棚面安装直线装饰线条，其人工乘以 1.34 系数。故而套用（6-077）子目注意人工消耗量乘以 1.34 系数。

41×85 木装饰顶角线刷硝基清漆套用（5-079）子目。

3.7 其他工程工程量计算

3.7.1 其他工程基本资料简介

1. 其他工程消耗量标准内容

其他工程消耗量标准的内容包括与装饰装修工程有关的招牌基层、美术字、室内零星装修和拆除工作。

(1) 平面招牌。指安装在门前墙面上的附贴式招牌。招牌是单片形，分木结构和钢结构两种，其中每一种又分为一般和复杂两种类型。一般型是指正立面平正无凸出面，复杂形是指正立面有凸起或造型的。

(2) 箱式和竖式招牌箱。箱式和竖式招牌箱，是指长方形六面体结构的招牌，离地面有一定距离，用支撑与墙体固定。消耗量标准中分为矩形招牌箱和异形招牌箱两项，矩形招牌箱是指正立面无凸出造型，异形招牌是指正立面有凸起或造型的。

(3) 装饰线条。装饰线条有木装饰条、金属装饰条、石材装饰线、石膏装饰线、木压条（用在各种交接面、平阶面、相交面、对接面等，沿接口的压板线条）、金属压条等。

(4) 挂镜线、挂镜点。挂镜线又叫画镜线，一般安装在墙壁与窗顶或门顶平齐的水平位置，用来挂镜框和图片、字画等，上部留槽，用以固定吊钩，挂镜线可用金属、木材、塑料制作。挂镜点的功能和挂镜线相同，只是外形为点状。

(5) 暖气罩。消耗量标准中以不同材料和不同做法列项。按照材料可分为：柚木板、塑面板、胶合板、铝合金、穿孔钢板等五种；按照制作方式分为挂板式暖气罩、明式暖气罩和平墙式暖气罩三种。

(6) 美术字安装。美术字安装消耗量标准是以成品字个数为单位而编制的，不分字体，均按消耗量标准执行。工程内容包括美术字的制作、美术字现场的拼装、安装固定、清理等全过程。

(7) 柜类。指柜台、酒吧台、服务台、货架、高货柜、收银台、壁柜、矮柜、衣柜等。

2. 其他工程消耗量标准项目的划分和构造层次

(1) 招牌一般由衬底和招牌字或图案组成。衬底可根据需要选择水泥砂浆、墙面砖、陶瓷锦砖、大理石、有机玻璃、铝合金、不锈钢、茶色玻璃以及镜面等。字或图案可根据需要选择铜板、大理石、不锈钢板、塑料板、有机玻璃、贴面泡沫塑料等。灯光与霓虹灯管既可用于照明，也可直接制作招牌。

1) 附贴式。是指招牌直接挂在建筑物表面上。一般凸出墙面很少，也可以固定在大面积玻璃上。

2) 外挑式。是指招牌凸出建筑表面一定距离。出挑距离可根据造型效果和功能而定，如做成雨篷和灯箱等。

3) 悬挂式。是悬挂于建筑出挑部分的下方或凸出建筑物的招牌。其特点是招牌与其附着点间有一定的距离。悬挂式招牌一般规格尺寸较小，但形式较新颖活泼。

4) 直立式。是与建筑物有一定距离的招牌。可设置于屋顶上，通过支架支承，或单独设在室外地面上，对其相近建筑起标示作用。

(2) 暖气罩

1) 饰面板、塑料板暖气罩包括：下料、裁口、成形、胶（钉）胶合板、铁件制作、粘贴铝合金压边、铝板网暖气罩安装、清理等全部操作过程。

2) 金属暖气罩包括：放样、截料、平直、焊接、铁件制作安装、铝合金面板、框装配、成品固定矫正等。

(3) 浴厕配件

1) 洗漱台、镜箱包括：铁件制作、安装、木料下料、制作安装、铺钢板网、钻孔、加榫、水泥砂浆底、镶贴大理石板及打边清理现场等。

2）帘子杆、浴缸拉手、毛巾杆（架）、毛巾环、卫生纸盒、肥皂盒等的安装包括：钻孔、加榫、拧螺钉、固定清理等全部操作过程。

3）镜面玻璃包括：铺设油毡、木筋制作、安装、钉夹板、镜面玻璃裁制、安装固定角铝清理等全部操作过程。

4）镜箱包括：木料下料、制作安装钻孔、加榫等全部操作过程。

（4）美术字包括：复纸字、字样排列、凿墙眼、斩木楔、拼装字样、成品矫正、安装、清理等全部操作过程以及字制作、运输、安装，刷油漆。

（5）金属旗杆包括：土石挖填，基础混凝土浇筑，旗杆制作、安装，旗杆台座制作、饰面。

3.7.2 其他工程工程量计算规则、计算要点及计算实例

1. 其他工程工程量计算规则

（1）计算规则

1）招牌、灯箱

① 平面招牌基层按正立面面积计算，复杂性的凹凸造型部分亦不增减。

② 沿雨篷、檐口或阳台走向的立式招牌基层按平面招牌复杂型执行时，应按展开面积计算。

③ 箱体招牌和竖式标箱的基层按外围体积计算。突出箱外的灯饰、店徽及其他艺术装潢等均另行计算。

④ 灯箱的面层按展开面积以平方米计算。

⑤ 广告牌钢骨架以吨计算。

2）美术字安装按字的最大外围矩形面积以个计算。

3）压条、装饰线条均按延长米计算。

4）暖气罩（包括脚的高度在内）按边框外围尺寸垂直投影面积计算。

5）镜面玻璃安装、盥洗室木镜箱以正立面面积计算。

6）塑料镜箱、毛巾环、肥皂盒、金属帘子杆、浴缸拉手、毛巾杆安装以只或副计算。不锈钢旗杆以延长米计算。大理石洗漱台以台面投影面积计算（不扣除孔洞面积）。

7）货架，柜橱类均以正立面的高（包括脚的高度在内）乘以宽以平方米计算。

8）收银台、试衣间等以个计算，其他以延长米为单位计算。

9）拆除工程量按拆除面积或长度计算，执行相应子目。

（2）规则释义

1）本章消耗量标准项目在实际施工中使用的材料品种、规格与消耗量标准取定不同时，可以换算，但人工、机械不变。

2）本章消耗量标准中铁件已包括刷防锈漆一遍，如设计需涂刷油漆、防火涂料按第五章相应子目执行。

3）招牌的灯饰均不包括在消耗量标准内。

4）洗漱台项目适用于石质（天然石材、人造石材）、玻璃等材质。洗漱台现场制作、切割、磨边等人工、机械的费用应包括在工程计价内。

5）装饰线条均以成品安装为准。石材装饰线条磨边、磨圆角均包括在成品的单价中，

不再另行计算。

6）装饰线条以墙面上直线安装为准，如顶棚安装直线形、圆弧形或其他图案者，按以下规定计算：

① 顶棚面安装直线装饰线条，其人工乘以1.34系数。

② 顶棚面安装圆弧装饰线条，其人工乘以1.6系数，材料乘以1.1系数。

③ 墙面安装圆弧装饰线条，其人工乘以1.2系数，材料乘以1.1系数。

④ 装饰线条做艺术图案者，其人工乘以1.8系数，材料乘以1.1系数。

⑤ 压条、装饰条实际使用与基价中材质不符者，材料价格可以换算。人工、机械不变。

7）货架、柜类消耗量标准中未考虑面板拼花及饰面板上贴其他材料的花饰、造型艺术品。《全统装饰2002》附录（483~507页）中给出了各种柜的构造图，编制预算中可照图选用子目，但构造不同导致材料有所变化时根据实际情况进行调整。

8）本消耗量标准拆除工程专指新建工程施工过程中发生的拆除，旧楼维修的拆除仍执行修缮消耗量标准。

2. 其他工程工程量计算要点及综合实例

（1）压条和装饰条的区别

① 压条用于平接面、相交面、对接面的衔接口处；装饰条用于分界面、层次面及封口处。

② 压条断面小，外形简单；装饰条断面比压条大，外形较复杂，装饰效果较好。

③ 压条的主要作用是遮盖接缝，并使饰面平整；装饰条主要作用是使饰面美观，增加装饰效果。

（2）洗漱台项目适用于石质（天然石材、人造石材等）、玻璃等。计算规则：按图示台面水平投影面积计算（不扣除孔洞、挖弯、削角所占面积）。洗漱台现场制作，切割、磨边等人工、机械的费用应包括在报价内，所以要注意挡板、吊沿板石材量已含在消耗量标准内，不另计算，但各省的消耗量标准在这里会有所不同，如某省按台面外接矩形投影面积计算，挡板、吊沿板石材面积要并入计算。

【例3-12】 某卫生间洗漱台立面图如图3-17所示，1500mm×900mm车边镜，20mm厚汉白玉大理石台饰。试计算大理石洗漱台及装饰线工程量并套用消耗量标准子目。

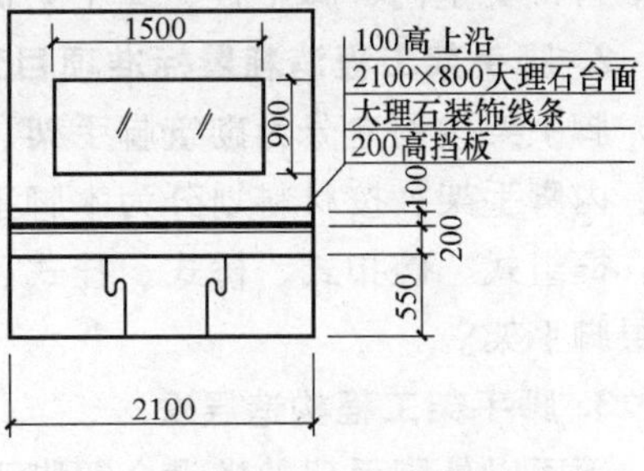

图3-17 洗漱台立面详图

【解】 依据《全统装饰2002》洗漱台子目计算规则：

1）洗漱台的工程量 = 台面面积 = $0.8\times2.1\text{m}^2 = 1.68\text{m}^2$

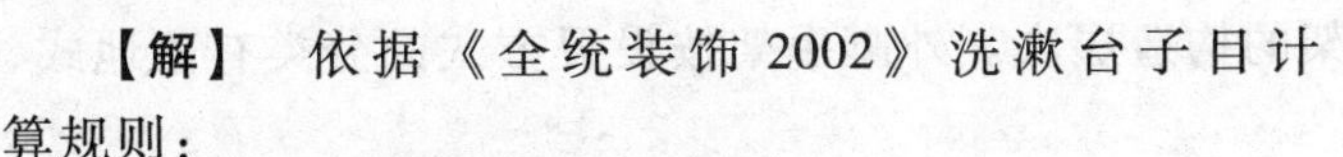
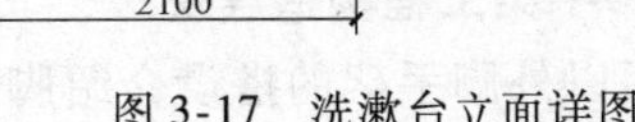

注：其中挡板面积 $(0.2-0.02)\times(2.1+2\times0.8)\text{m}^2$ + 上沿面积 $0.1\times2.1\text{m}^2$ 不能算入。洗脸盆开口孔洞也不能减去。

车边镜工程量 = $1.5\times0.9\text{m}^2 = 1.35\text{m}^2$

石材装饰线条工程量 = $(2.1+2\times0.8)\text{m} = 3.7\text{m}$

2）《全统装饰2002》套用

洗漱台套用6-211子目；石材装饰线条套用6-079子目；车边镜套用6-113子目。

【例 3-13】 某房间有附墙矮柜 1600mm ×450mm ×850mm 共 3 个，1200mm ×400mm ×800mm 共 2 个。试计算其工程量。

【解】

1）1600mm ×450mm ×850mm 矮柜工程量 $=1.6\times0.85\times3\text{m}^2=4.08\text{m}^2$

2）1200mm ×400mm ×800mm 矮柜工程量 $=1.2\times0.8\times2\text{m}^2=1.92\text{m}^2$

注：矮柜工程量为正立面的面积，850mm 为立面高度，450mm 为柜子厚度，不要搞混淆，另外，矮柜的构造要符合《全统装饰 2002》附录中给出的构造图才能直接套用标准，否则换算材料用量。

3.8 措施项目工程量计算

措施费是指为完成工程项目施工，发生于该工程施工前和施工过程中非工程实体项目的费用，一般分为施工技术措施费、施工组织措施费和综合措施费（或者称工程安全防护、文明施工费）。

施工技术措施费包括脚手架搭拆费、垂直运输费、超高费。施工组织措施费包括成品保护费、生产工具用具使用费、检验试验费、室内空气污染测试费、冬雨季施工增加费、夜间施工增加费、场地清理费、二次搬运费、临时停水停电费等。

综合措施费包括文明施工费、安全施工费、环境保护费、临时设施费。此类费用一般按照各省的计费文件要求参照费率形式计取。

3.8.1 脚手架工程基本资料

1. 脚手架工程消耗量标准内容

脚手架材料为周转使用性材料，预算定额中材料消耗量是使用一次的材料摊销量。消耗量标准是按搭设种类来划分的，工作内容包括场内、外材料的搬运，搭设、拆除脚手架、上料平台，安全网、脚手板、脚手架拆除后材料的堆放。

2. 脚手架工程消耗量标准项目划分

脚手架按用途分为砌筑脚手架、装修用脚手架、支撑用脚手架；按搭设位置分为外脚手架、内脚手架；按材料划分为木脚手架、竹脚手架和金属脚手架；按结构形式划分有多立杆式、框组式、碗扣式、桥式、挂式、挑式及其他工具式脚手架；按高度划分为高层脚手架、低层脚手架。

3. 脚手架工程构造层次

下面以外脚手架的搭设介绍脚手架的构造层次。外脚手架按设置方式的分类有落地式、吊挂式、悬挑式等。

（1）落地式脚手架搭设在建筑物外围地面上，主要搭设方法为立杆双排搭设。因受立杆承载力限制，加之材料耗用量大，占用时间长，所以，这种脚手架搭设高度多控制在 40m 以下。在砖混结构房屋施工中，该脚手架兼作砌筑、装修和防护之用；在多层框架结构施工中，该脚手架主要作装修和防护之用。

（2）吊挂式脚手架在主体结构施工阶段为外挂脚手架，随主体结构逐层向上施工，用塔式起重机吊升，悬挂在结构上。在装饰装修施工阶段，该脚手架改为从屋顶吊挂，逐层下降。吊挂式脚手架的吊升单元（吊篮架子）宽度宜控制在 5 ~ 6m，高度为一个或一个半楼层，每一吊升单元的自重宜在1t以内。该形式脚手架适用于高层框架和剪力墙结构施工。

(3) 悬挑式脚手架搭设在建筑物外边缘向外伸出的悬挑结构上，将脚手架荷载全部或部分传递给建筑结构。悬挑支承结构有用型钢焊接制作的三角桁架下撑式结构以及用钢丝绳斜拉住水平型钢挑梁的斜拉式结构两种主要形式。在悬挑结构上搭设的双排外脚手架与落地式脚手架相同，分段悬挑脚手架的高度一般控制在25m以内。该形式的脚手架作装修和防护之用，应用在闹市区需要作全封闭的高层建筑施工中，以防坠物伤人。

4. 项目成品保护

成品保护一般是指在施工过程中，某些分部或分项工程已经完成，而其他一些分部或分项工程尚在施工；或者是在其分项工程施工过程中，某些部位已完成，而其他部位正在施工的情况下，施工单位必须对已完成部分采取妥善措施予以保护，以免因成品缺乏保护或保护不善而造成损伤或污染，影响工程整体质量。在进行装饰装修工作前已经完工单位工程的成品、半成品及水电煤气表、采暖设备、入户门、洁具及已经安装不须改造的地方尤其需要进行成品保护。根据建筑产品的特点的不同，可以分别对成品采取“防护”、“包裹”、“覆盖”、“封闭”等保护措施，以及合理安排施工顺序等来达到保护成品的目的。例如：对镶面大理石柱可用立板包裹捆扎保护，铝合金门窗可用塑料布包扎保护等。预制水磨石或大理石楼梯可用木板覆盖加以保护；地面可用锯末、苫布等覆盖以防止喷浆等污染。

3.8.2 脚手架工程及项目成品保护费工程量计算规则、计算要点及计算实例

1. 脚手架工程及项目成品保护费工程量计算规则

(1) 计算规则

1) 装饰装修脚手架

① 满堂脚手架，按实际搭设的水平投影面积计算，不扣除附墙柱、柱所占的面积，其基本层高以3.6m以上至5.2m为准。凡超过3.6m、在5.2m以内的顶棚抹灰及装饰装修，应计算满堂脚手架基本层；层高超过5.2m，每增加1.2m计算一个增加层，增加层的层数=(层高-5.2m)÷1.2m，按四舍五入取整数。室内凡计算了满堂脚手架者，其内墙面粉饰不再计算粉饰架，只按每100m^2墙面垂直投影面积增加改架工1.28工日。

② 装饰装修外脚手架，按外墙的外边线长乘墙高以平方米计算，不扣除门窗洞口的面积。同一建筑物各面墙的高度不同，且不在同一定额步距内时，应分别计算工程量。定额中所指的檐口高度5~45m以内，系指建筑物自设计室外地坪面至外墙顶点或构筑物顶面的高度。

③ 利用主体外脚手架改变其步高做外墙面装饰架时，按每100m^2外墙面垂直投影面积，增加改架工1.28工日；独立柱按柱周长增加3.6m乘柱高套用装饰装修外脚手架相应高度的定额。

④ 内墙面粉饰脚手架，均按内墙面垂直投影面积计算，不扣除门窗洞口的面积。

⑤ 安全过道按实际搭设的水平投影面积（架宽×架长）计算。

⑥ 封闭式安全笆按实际封闭的垂直投影面积计算。实际用封闭材料与定额不符时，不作调整。

⑦ 斜挑式安全笆按实际搭设的（长×宽）斜面面积计算。

⑧ 满挂安全网按实际满挂的垂直投影面积计算。

2）项目成品保护工程量计算规则按各章接相应子目规则执行。

(2）规则释义

1）本章适用于单独承包的、工作面高度在3.6m以上需要重新搭设装饰装修脚手架工程。装饰装修脚手架包括满堂脚手架、外脚手架、内墙面粉饰脚手架、安全过道、封闭式安全笆、斜挑式安全笆、满挂安全网。吊篮架由各省、市根据当地实际情况编制。注意：建筑与装饰由一个单位承包的情况下，外墙脚手架、垂直运输、建筑物超高增加费套用建筑工程相应章节的子目即可。单独承包的装饰装修工程，其外装修脚手架、垂直运输、建筑物超高增加费按本定额子目执行。

2）满堂脚手架是指单层厂房、礼堂、餐厅等层高较高的建筑物的平顶施工中，采用的在整个建筑平面上近于满铺脚手板的一种多立杆式脚手架。主要用于室内顶棚的安装、装饰、施工等。套用范围：

① 凡顶棚超过3.6m需要抹灰或刷油。

② 凡室内高度超过3.6m的抹灰顶棚或钉板顶棚，均应计算满堂脚手架。满堂脚手架的高度以室内地坪至顶棚为准。坡屋面者，以室内山墙平均高度计算。

③ 室内高度超过3.6m的内墙抹灰，需钉顶棚及顶棚抹灰者，只能计算一次满堂脚手架。

④ 混凝土带形基础底宽超过1.2m，满堂基础、独立基础（杯形基础、桩基础、设备基础）底面积超过$4m^2$（加宽工作面后计算）且深度超过1.5m。

2. 脚手架工程及项目成品保护费工程量计算要点及计算实例

(1）室内凡计算了满堂脚手架者，其内墙装饰不再计算脚手架，只按每$100m^2$墙面垂直投影面积增加改架工1.28工日。利用主体外脚手架改变其步高做外墙面装饰架时，每$100m^2$外墙垂直投影面积增加改架工1.28工日。

(2）脚手架按檐高选套定额。本节檐高是指建筑物自设计室外地坪面至外墙顶点或构筑物顶面的高度。

(3）成品保护费是指工程竣工验收前，为保护包括楼地面、楼梯、台阶、独立柱、内墙面面层等采取的措施费用。所用材料包括：麻袋、胶合板、彩条纤维布及其他材料等。成品保护工程量按受保护面层相应子目的规则计算。并按实际发生计算工程量，如果实际施工中没有覆盖的不能计算成品保护费。

(4）满堂脚手架的工程量均以水平投影面积计算，不扣除垛、柱所占的面积。分为基本层和增加层。基本层：在达到搭设满堂脚手架的3.6m高度后加上施工人员的平均身高1.6m，可得出基本层为从搭设地面算起$(1.6+3.6)m=5.2m$，即5.2m处。增加层：增高1.2m算作一个增加层，即相当于脚手架搭设的最低高度，但是当高度大于0.6m时作为一个增加层计算。基本层和增加层都可套用不同消耗量标准。当满堂脚手架铺设高度超过5.2m可按以下公式计算：计算一个增加层，增加的层数=(层高－5.2m)÷1.2m，按四舍五入取整数。

【例3-14】 某建筑物其室内净高为8.5m，试确定满堂脚手架的基本层和增加层。

【解】 已知建筑物室内净高为8.5m，已超过5.2m，故应计算基本层和增加层。

基本层为1层，其增加层为$(8.5-5.2)\div1.2=2.75$，四舍五入取整数，因此，该建筑物的满堂脚手架需计1个基本层，3个增加层，套用消耗量标准。

3.9 其他措施项目工程量计算

3.9.1 垂直运输及超高增加费工程量计算规则及计算实例

1. 垂直运输及超高增加费工程量计算规则

（1）计算规则

1）垂直运输工程量

① 装饰装修楼层（包括楼层所有装饰装修工程量）区别不同垂直运输高度（单层建筑物系檐口高度）按定额工日分别计算。

② 地下层超过二层或层高超过 3.6m 时，计取垂直运输费，其工程量按地下层全面积计算。

2）超高增加费工程量。

装饰装修楼面（包括楼层所有装饰装修工程量）区别不同的垂直运输高度（单层建筑物系檐口高度）以人工费与机械费之和按元分别计算。

（2）规则释义

1）垂直运输费不包括特大型机械进出场及安拆费。如实际发生，可按照建筑预算消耗量标准有关规定计算。

2）垂直运输费的工作内容包括单位工程在合理工期内完成全部工作项目所需的垂直运输机械台班。塔式起重机的基础及轨道铺拆，机械的场外往返运输，一次安拆及路基铺垫等费用应另行计算。

3）垂直运输高度：设计室外地坪以上部分指室外地坪至相应楼面的高度，室外地坪以下部分指室外地坪至相应地（楼）面的高度。带一层地下室的建筑物，若地下室垂直运输高度小于 3.6m，则地下层不计算垂直运输机械费。注意：垂直运输高度与净空高度、檐高概念不一致。净空高度是用于计算满堂脚手架的常用名词，而垂直运输高度则是计算垂直运输费的常用名词，檐高是指设计室外地坪至檐口的高度，突出主体建筑屋顶的电梯间、水箱间等不计入檐高之内。

4）再次装修工程利用电梯进行垂直运输，按电梯实际发生的运输台班计算；通过人力上下楼梯进行运输时，可按人力日工资标准计算。

5）超高费是指当建筑物超过六层或檐高超过 20m 时，由于操作工人的工效降低、垂直运输距离加长影响的时间、以及因操作工人降效而影响的机械台班的降效等产生的费用。计算时注意其计费基础，以楼面超过 20m 部分的所有装饰费用中的人工费和机械费之和作为计费基础。

2. 计算实例

【例 3-15】 某小高层住宅，地上 10 层，层高 3m，室外地坪标高 -0.3m，檐口高度 34m，假定 20m 以下装饰工程人工汇总 900 工日，以上为 300 个工日，机械费 10000 元。地下 1 层，层高 4.5m，实际高度 4.2m，地下层全面积 $560m^2$，汇总综合工日 200 个，人工单价 70 元/工日。为单独承包装饰工程，计算其垂直运输费和超高增加费。

【解】

（1）计算垂直运输费

① 地下部分。层高 4.5m，垂直运输高度 4.2m，超过 3.6m，地下 1 层装饰工程汇总综合工日为 200 工日，套用 8-001 多层建筑物檐口高度 20m 以内，卷扬机台班 2.92 ×2 台班 = 5.84 台班。

② 地上部分。檐口高度 34m > 20m，要计算垂直运输费和超高增加费，垂直运输高度分为 20m 以内，20 ~40 套用定额子目。

套用 8-002 多层建筑物檐口高度 20m 以内

卷扬机台班 1.46 ×9 台班 =13.14 台班，施工电梯 1.46 ×9 台班 =13.14 台班。

套用 8-003 多层建筑物檐口高度 40m 以内

卷扬机台班 1.46 ×3 台班 =4.86 台班，施工电梯 1.46 ×3 台班 =4.86 台班。

则：卷扬机台班（5.84 +13.14 +4.86）台班 =23.84 台班，施工电梯（13.14 +4.86）台班 =18 台班。

(2) 超高增加费工程量为（300 ×70 +10000）元 =31000 元。

套用 8-024 垂直运输高度 20 ~40m　　　　310 ×9.35 =2898.5 元

上个例题中建筑物层高超过 20m 的超高人工、机械降效费工程量计算复杂，可采取如下办法简化：即一个单位工程可按建筑面积加权计算出单一综合降效消耗量标准。

【例 3-16】 某工程檐口高度 20m 以内建筑面积 500m^2，20 ~40m 标高建筑面积 300m^2，40 ~60m 标高建筑面积 200m^2，装饰工程部分已算出地面以上需要装饰的工程量总和，则综合的人工机械降效消耗量的标准怎么简化计算？

【解】 依据《全统 2002》超高增加费的消耗量标准可知：

垂直运输高度 20 ~40m，套用 8-024，人工机械降效系数 9.35%，垂直运输高度 40 ~60m，套用 8-025，人工机械降效系数 15.3%，则

综合消耗量 =（500m^2 ×0元/百元 +300m^2 ×9.35元/百元 +200m^2 ×15.30元/百元）÷[500 +300 +200]m^2

=5.865 元/百元

此时消耗量标准对应的工程量按建筑物地面以上部分汇总出的全部的人工费或机械费计算（不包括地下室和基础）。

3.9.2 施工组织措施费工程量计算规则

施工组织措施费包括生产工具用具使用费、检验试验费、室内空气污染测试费、冬雨季施工增加费、夜间施工增加费、场地清理费、二次搬运费、临时停水停电费、临时设施费。

(1) 在工程施工现场实际发生的其他措施性费用，可按实际发生或批准的施工组织设计方案计算。

(2) 生产工具用具使用费。指施工、生产所需不属于固定资产的生产工具、检验用具及小型机械等的购置、摊销和维修费，以及支付给工人的自备工具补贴费。

(3) 检验实验费。指对建筑材料、构件和建筑物进行一般鉴定、检查所发生的费用（包括自设实验室进行实验所耗用的材料和化学药品的费用）以及技术革新和研究试制实验费，不包括新结构、新材料的实验费和建设单位要求对有出厂证明的材料进行实验，对构件进行破坏性实验及其他特殊要求的检验实验费用。

(4) 室内空气污染测试费。按各地区规定进行取定。测试费主要包括如下测试项目：

甲醛检查与测试；苯检查与测试；氨检查与测试；甲醛清除（熏蒸或高温蒸汽处理）；苯、氨、清除（熏蒸或高温蒸汽处理）；光触媒界处理；负离子活氧处理；装饰面或家具除味、擦拭、加护理蜡处理。

（5）冬雨季施工费。指冬雨季施工的工程为了保证工程质量所采取的保温、防寒、防雨、防滑、排雨水等措施所增加的费用，以及气候影响的人工、机械降低工效的费用，但不包括混凝土中掺用外加剂的费用。湖南消耗量标准规定：招标单位编制标底或上限值，此项费用可按分部分项工程量清单费的1.60‰计入工程总造价；投标人在投标报价时可根据工程具体情况予以计取。

（6）夜间施工增加费。指合理工期内因施工工序需要必须连续施工而进行的夜间施工发生的费用。包括照明设施的安拆费、劳动降效、夜餐补助费用和夜间施工的照明费用，不包括建设单位要求赶工而采取夜班作业施工所发生的费用。

（7）场地清理费。指工程现场内清理垃圾所发生的费用。一般消耗量标准的子项中含有成品项目的场地清理，即合格产品包括“工完场清”工作内容。这里计取的是对建设场地范围内余留的旧有建筑物、构筑物等有碍项目建设的设施而必须拆除、清理所发生的各种费用。

（8）停水、停电增加费。指施工现场临时停水、停电每周累计8小时以内所造成的工地停工、机械停滞等费用。

（9）二次搬运费。指因施工场地狭小或由于施工现场施工情况复杂，工程所需材料、成品、半成品由工地仓库不能一次运至安装地点，必须再次搬运、装卸所发生的费用。不包括自建设单位仓库至工地仓库的搬运以及施工平面布置变化所发生的搬运费用。

3.10 建筑装饰装修工程量清单编制

3.10.1 建筑装饰装修工程量清单的概念与作用

随着我国建筑装饰装修市场的快速发展，招标投标制、工程承包合同制的逐步推行以及我国入世后与国际接轨等方面的要求，建筑装饰装修工程的工程造价应遵循市场形成价格的规律，企业自主报价的市场经济管理模式是计价与管理的重点。根据《中华人民共和国招标投标法》、建设部第107号令《建筑工程施工发包与承包计价管理办法》等建设法规，按照我国工程造价管理改革的要求，本着国家宏观调控、市场竞争形成价格的原则，制定、颁布了《建设工程工程量清单计价规范》（GB 50500—2008），这是我国深化工程造价管理改革的重要举措。

《建设工程工程量清单计价规范》规定，建设工程工程量清单是招标人编制的或由招标人委托具有相应资质的中介机构编制反映工程实体消耗和措施消耗的工程量清单表，并作为招标文件的一部分提供给投标人，投标人依据工程量清单自主报价的计价方式。由此可见，招标人准确地编制工程量清单，是清单计价的基础工作。

1. 装饰工程工程量清单的概念与作用

（1）装饰工程工程量清单的概念

装饰工程量清单是指表现拟建装饰工程的工程项目、措施项目的项目名称、计量单位和相应数量的明细清单。它是由招标人按照“计价规范”附录中统一的项目编码、项目名称、计量单位和工程量计算规则进行编制，包括建筑装饰装修分部分项工程量清单、措施项目清单、其他项目、规费项目和税金项目的名称和相应数量等的明细清单。

（2）建筑装饰工程量清单的作用

① 建筑装饰工程工程量清单是装饰装修工程招标文件的组成部分，是依据《建设工程工程量清单计价规范》的统一规定编制的，确定拟建装饰装修分部分项工程项目的明细清单。

② 建筑装饰工程量清单是编制建筑装饰装修工程招标标底和投标报价的依据，是签订工程合同、拨付工程价款的基础。

③ 建筑装饰工程量清单是办理工程结算的基础。建筑装饰工程在建造过程中往往涉及到工程量变更及其计价变更。工程竣工后工程量及其计价变更应由招标人和投标人按合同约定进行调整。

（3）建筑装饰工程工程量清单的组成

① 工程量清单总说明：包括工程概况、现场条件、编制工程量清单的依据及有关资料，对施工工艺、材料应用的特殊要求。

② 分部分项工程量清单。

③ 措施项目清单。

④ 其他项目清单。

⑤ 规费项目清单。

⑥ 税金项目清单。

2. 建筑装饰工程工程量清单的编制原则与依据

（1）装饰工程工程量清单的编制原则

1）坚持实事求是的原则。工程量清单必须反映工程实际，依据工程招标范围的有关要求、设计文件和施工现场实际情况，按照“计价规范”和有关工程计价办法进行编制。

2）坚持执行执业资格制度的原则。工程量清单必须由具有相应工程造价咨询资质的单位编制。工程量清单由招标人编制，招标人不具有编制资质的必须委托有工程造价咨询资质的单位编制。

3）坚持“四个统一”原则。工程量清单编制必须做到“四个统一”，即：统一清单项目编码，统一清单分项项目名称、统一清单分项计量单位、统一清单工程量计算规则。在国家颁布的“计价规范”中所列的六条强制性条件，其中有四条就是针对工程量清单表编制方法的规定。因此，在装饰工程工程量清单编制中必须严格执行。

4）坚持全面实施与不断完善的原则。在“计价规范”实施过程中，工程量清单项目及计量规则如有缺项，可就其实际状况作相应的补充，并报地方政府工程造价管理部门备案。

（2）装饰工程工程量清单的编制依据

1）拟建装饰工程施工图样及所涉及的相应的标准图集与设计图例。

2）拟建装饰装修工程招标标函或招标文件的有关条款。

3）工程量清单项目设置办法与清单工程量计算规则。计价规范中的装饰装修工程工程量清单项目设置办法与工程量计算规则是装饰装修工程工程量清单计价办法的重要组成部分，是编制装饰装修工程工程量清单的重要依据。

4）装饰装修工程工程量清单表。作为工程量清单表达形式，“计价规范”给出了标准格式。只有熟悉和理解工程量清单表格的标准格式，才能比较自如地应用于工程造价计算。

3.10.2 建筑装饰装修工程工程量清单文件编制

1. 工程量清单的内容

工程量清单是工程招标文件的组成部分，其最基本的功能是作为工程信息的载体，以便投标人对拟建工程有一个全面的了解。因此，要求工程量清单的内容全面、准确。其内容应包括两个部分：一是工程量清单说明，二是分部分项工程工程量清单。

（1）工程量清单说明。工程量清单说明是招标人明确拟招标工程的工程概况和对有关问题的解释资料。包括拟建工程概况，工程招标和分包范围（本工程发包范围），工程量清单的编制依据，工程质量要求，招标人自行采购材料和设备金额、数量，预留金，其他需要说明的问题。

（2）分部分项工程工程量清单表。分部分项工程工程量清单表作为工程量清单项目与清单分项工程数量的载体，它是工程量清单的核心，包括分部分项工程项目清单表、措施项目清单表和其他项目清单表。工程量清单表在“计价规范”中给出了标准格式，见表3-3～表3-14。

表3-3 工程量清单表

________________工程

工 程 量 清 单

招 标 人：____________ （单位盖章）	工程造价 咨 询 人：____________ （单位资质专用章）
法定代表人 或其授权人：____________ （签字盖章）	法定代表人 或其授权人：____________ （签字盖章）
编 制 人：____________ （造价人员签字盖专用章）	复 核 人：____________ （造价人员签字盖专用章）
编 制 时 间： 年 月 日	复 核 时 间： 年 月 日

表3-4 总 说 明

工程名称：　　　　　　　　　　　　　　　　　　　　第 页 共 页

工程量清单总说明的内容应包括：

1. 工程概况
2. 工程发包、分包范围
3. 工程量清单编制依据
4. 使用材料设备、施工的特殊要求等
5. 其他需要说明的问题

注：招标控制价 、投标报价、工程竣工结算总说明内容不同。

表 3-5　分部分项工程量清单与计价表

工程名称：　　　　　　　　　　　　　标段：　　　　　　　　　　　　　第　页　共　页

序号	项目编码	项目名称	项目特征描述	计量单位	工程量	金额(元)		
						综合单价	合价	其中:暂估价

表 3-6　措施项目清单与计价表（一）

工程名称：　　　　　　　　　　　　　标段：　　　　　　　　　　　　　第　页　共　页

序号	项目名称	计算基础	费率(%)	金额(元)
1	安全文明施工费			
2	夜间施工费			
3	二次搬运费			
4	冬雨季施工			
5	大型机械设备进出场及安拆费			
6	施工排水			
7	施工降水			
8	地上、地下设施、建筑物的临时保护设施			
9	已完工程及设备保护			
10	各专业工程的措施项目			
11				
12				
合　计				

注：1. 本表适用于以“项”计价的措施项目。

2. 根据原建设部、财政部发布的《建筑工程费用组成》（建标［2003］206 号）的规定，“计算基础”可为“直接费”、“人工费”、或“人工费＋机械费”。

表 3-7　措施项目清单与计价表（二）

工程名称：　　　　　　　　　　　　　标段：　　　　　　　　　　　　　第　页　共　页

序号	项目编码	项目名称	项目特征描述	计量单位	工程量	金额(元)	
						综合单价	合价
本页小计							
合　计							

注：本表适用于以综合单价形式的措施项目。

表 3-8　其他项目清单表

工程名称：　　　　　　　　　　　　　标段：　　　　　　　　　　　　　第　页　共　页

序号	项目名称	计量单位	金额(元)	备注
1	暂列金额			详见明细表
2	暂估价			
2.1	材料暂估价			详见明细表
2.2	专业工程暂估价			详见明细表
3	计日工			详见明细表
4	总承包服务费			详见明细表
5				
合　计				—

注：材料暂估单价计入清单项目综合单价，此处不汇总。

表 3-9　暂列金额明细表

工程名称：　　　　　　　　　　　　标段：　　　　　　　　　　　　第　页　共　页

序号	项目名称	计量单位	暂定金额(元)	备注
1				
2				
3				
4				
5				
	合　计			—

注：此表由招标人填写，如不能详列，也可只列暂定金额总额，投标人应将上述暂列金额计入投标总价中。

表 3-10　材料暂估单价表

工程名称：　　　　　　　　　　　　标段：　　　　　　　　　　　　第　页　共　页

序号	材料名称、规格、型号	计量单位	单价(元)	备注
1				
2				
3				
4				
5				

注：1. 此表应由招标人填写，并在备注栏说明暂估价的材料拟用在哪些清单项目上，投标人应将上述材料暂估单价计入工程量清单综合单价报价中。

2. 材料包括原材料、燃料、构配件以及按规定应计入建筑安装工程造价的设备。

表 3-11　专业工程暂估价表

工程名称：　　　　　　　　　　　　标段：　　　　　　　　　　　　第　页　共　页

序号	工 程 名 称	工作内容	金额(元)	备注
	合　　计			—

注：此表由招标人填写，投标人应将上述专业工程计入投标总价中。

表 3-12　计日工表

工程名称：　　　　　　　　　　　　标段：　　　　　　　　　　　　第　页　共　页

编号	项 目 名 称	单位	暂定数量	综合单价	合价
一	人　工				
1					
2					
3					
	人工小计				
二	材　料				
1					
2					
3					
	材料小计				
三	施工机械				
1					
2					
3					
	施工机械小计				
	总　计				

注：此表项目名称、数量由招标人填写，编制招标控制价时，单价由招标人按有关计价规定确定；投标时，单价由投标人自主报价，计入投标总价中。

表 3-13 总承包服务费计价表

工程名称： 标段： 第 页共 页

编号	项目名称	项目价值(元)	服务内容	费率(%)	金额(元)
1	发包人发包专业工程				
2	发包人供应材料				
总计					

表 3-14 规费、税金项目清单与计价表

工程名称： 标段： 第 页共 页

序号	工程名称	计算基础	费率(%)	金额(元)
1	规费			
1.1	工程排污费			
1.2	社会保障费			
(1)	养老保险费			
(2)	失业保险费			
(3)	医疗保险费			
1.3	住房公积金			
1.4	危险作业意外伤害保险			
1.5	工程定额测定费			
2	税金	分部分项工程费＋措施项目费＋其他项目费＋规费		
合计				

注：根据原建设部、财政部发布的《建筑工程费用组成》（建标［2003］206 号）的规定，为计取规费等的费用，可在表中增设其中："直接费"、"人工费"、或"人工费＋机械费"。

2. 工程量清单编制程序

工程量清单必须由招标人或受其委托的具有相应资质的工程造价咨询机构、招标代理机构根据工程设计文件、工程招标文件和工程施工现场实际情况，按照有关计价办法的规定编制。基本编制程序如图 3-18 所示。

建筑装饰装修工程清单工程量计算方法、步骤如下：

(1) 准备编制资料。准备编制资料，主要工作是收集与熟悉工程量清单编制的各种依据。其基本做法、要求与工程量清单计价方法、步骤中所述一致。

(2) 设置工程量清单项目。设置工程量清单项目系根据拟建设工程施工图样中表明的工程内容，考虑工程施工现场的实际情况，按照工程量清单项目的设置规定列出工程量清单项目的过程。这是建筑装饰工程分部分项工程量清单编制的关键过程，主要工作包括确定清单项目名称、确定清单项目编码、描述项目特征等。

1) 确定清单项目名称。清单项目名称是工程量清单中表示各分部分项工程清单项目的名称。它必须体现工程实体，反映工程项目的具体特征。在项目名称设置中一个最基本的原则是准确。

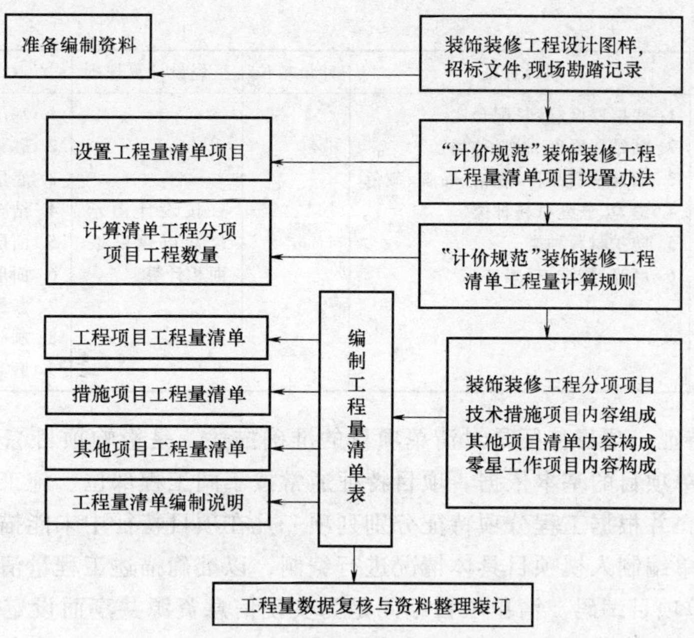

图 3-18　工程量清单编制程序

清单项目名称原则上以形成的工程实体而命名。所谓实体是指形成产品生产与工艺作用的主要的实体部分，对附属的次要部分一般不设置项目。例如：地面装饰工程中，整体水磨石地面工程分项项目，其找平层不设项目。清单项目反映的是一个完整的产品，必须包括形成或完成分项工程清单项目实体的全部内容。工程量清单项目设置及计算规则摘录见表 3-15 所示。

表 3-15　工程量清单项目设置及计算规则摘录

表 B. 2. 5　柱面镶贴块料（编码：020205）

项目编码	项目名称	项目特征	计量单位	工程量计算规则	工程内容
020205001	石材柱面	1. 柱体材料 2. 柱截面类型、尺寸 3. 底层厚度、砂浆配合比 4. 粘结层厚度、材料种类 5. 挂贴方式 6. 干贴方式 7. 面层材料品种、规格、品牌、颜色 8. 缝宽、嵌缝材料种类 9. 防护材料种类 10. 磨光、酸洗、打蜡要求	m^2	按设计图示尺寸以镶贴表面积计算	1. 基层清理 2. 砂浆制作、运输 3. 底层抹灰 4. 结合层铺贴 5. 面层铺贴 6. 面层挂贴 7. 面层干挂 8. 嵌缝 9. 刷防护材料 10. 磨光、酸洗、打蜡
020205003	块料柱面	1. 柱体材料 2. 柱截面类型、尺寸 3. 底层厚度、砂浆配合比 4. 结层厚度、材料种类 5. 挂贴方式 6. 干贴方式 7. 面层材料品种、规格、品牌、颜色 8. 缝宽、嵌缝材料种类 9. 防护材料种类 10. 磨光、酸洗、打蜡要求	m^2		1. 基层清理 2. 砂浆制作、运输 3. 底层抹灰 4. 结合层铺贴 5. 面层铺贴 6. 面层挂贴 7. 面层干挂 8. 嵌缝 9. 刷防护材料 10. 磨光、酸洗、打蜡

（续）

项目编码	项目名称	项目特征	计量单位	工程量计算规则	工程内容
020205004	石材梁面	1. 底层厚度、砂浆配合比 2. 粘结层厚度、材料种类 3. 面层材料品种、规格、品牌、颜色 4. 缝宽、嵌缝材料种类 5. 防护材料种类 6. 磨光、酸洗、打蜡要求	m^2	按设计图示尺寸以镶贴表面积计算	1. 基层清理 2. 砂浆制作、运输 3. 底层抹灰 4. 结合层铺贴 5. 面层铺贴 6. 面层挂贴 7. 嵌缝 8. 刷防护材料 9. 磨光、酸洗、打蜡

2）描述项目特征。项目特征是对清单项目的准确描述，是影响项目综合单价的主要因素，是设置具体清单项目的基本依据。项目特征通常按不同工程部位、施工工艺、材料的品种、规格进行描述，并根据工程分项特征分别列项。凡在项目特征中未能描述的其他独有特征，可由工程量清单编制人视项目具体情况进行编制，以准确描述工程量清单项目为原则。

3）工程量清单项目编码。清单项目编码是为实现信息资源共享而设定的，是根据原国家建设部提出的全国统一的清单项目编码方法而确定的。

① 清单项目编码设置。工程量清单项目编码按五级编码设置，采用十二位阿拉伯数字表示。一、二、三、四级编码实行全国统一编码；后三位为第五级编码，属于项目特征码，由工程量清单编制人根据拟建工程分部分项工程的具体特征不同而分别编码。要求每一个清单项目编码都必须保证有十二位数码。

凡在项目特征中未描述到的其他独有特征，由清单编制人视工程项目的具体特征编制，以准确描述清单项目为准。

在清单项目编码设置中一个最基本的原则是不能重复，一个项目只有一个编码、对应一个清单项目的综合单价。

② 工程量清单项目编码的含义。清单项目的五级编码中，按照工程种类、章（分部）、节、项四个层次编码。

第一级为分类码（分二位）：表示工程类别。现行国家《计价规范》纳入了六类工程，即建筑工程——编码“01”，装饰工程——编码“02”，安装工程——编码“03”，市政工程——编码“04”，园林绿化工程——编码“05”，矿山工程——编码“06”。

第二级为章顺序码（分二位）：表示同一类工程中分章（分部）序。一般来说，一类工程中章（分部）数只有两位数。

第三级为节顺序码（分二位）：表示章（分部）中分节序。通常章（分部）中分节数也在两位数内。

第四级为清单项目码（分三位）：表示章（分部）分节中分项工程项目数码。它反映的是分节中的分项序码。由于前面四级编码为规范统一的编码，故有人称之为“清单项目码”。

第五级为具体清单项目码（分三位）：表示各分部分项工程中子目（细目）序码。它是具体工程量清单项目数码。

③ 清单项目编码结构如下（见图3-19）：

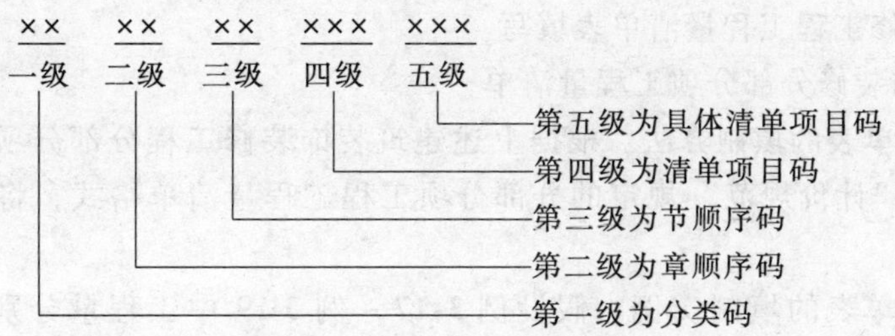

图 3-19　清单项目编码结构图

4）计量单位。建筑装饰工程工程量清单中，清单工程量的“计量单位”是清单工程量的基本单位，除各专业另有特殊规定外，均按以下单位计量：

① 以质量计算的清单项目——吨或千克（t 或 kg）。

② 以体积计算的清单项目——立方米（m^3）。

③ 以面积计算的清单项目——平方米（m^2）。

④ 以长度计算的清单项目——延长米（m）。

⑤ 以自然计量单位计算的项目——个、套、块、樘、组、台、根等。

⑥ 以集合体计量的清单项目——宗、项、系统等。

⑦ 各专业有特殊计量单位的项目，均在各专业消耗量定额或者消耗量标准中的篇或章说明中规定。

5）工程量清单项目编码实例。现在我们以《建设工程工程量清单计价规范》（GB 50500—2008）为依据，说明清单项目的结构形式。

【例 3-17】　根据某建筑装饰装修工程设计施工图可知，大厅柱面采用干挂万山红花岗岩石材柱面，型钢骨架，石材规格 600mm×600mm×25mm。

【解】　根据工程量清单项目特征描述，按照《建设工程工程量清单计价规范》（GB 50500—2008）的规定，查表 3-15：

确定清单项目为：020205001；

确定清单项目名称为：石材柱面。

【例 3-18】　某装饰装修工程，设计图样标有：餐厅后堂柱面镶贴 150mm×150mm×5mm 瓷砖。1∶3 的水泥砂浆打底，1∶2 的水泥砂浆粘接层，瓷砖面层，试确定清单工程量项目名称及其项目编码。

【解】　根据工程量清单项目特征描述，按照《建设工程工程量清单计价规范》（GB 50500—2008）的规定。查表 3-15：

确定清单项目为：020205003；

确定清单项目名称为：块料柱面。

【例 3-19】　某室外装饰装修工程，设计图样标有：突出外墙立面装饰构架梁采用干挂万山红火烧板花岗岩石材装饰梁表面，型钢骨架，石材规格 600mm×600mm×28mm，试确定清单工程量项目名称及其项目编码。

【解】　根据工程量清单项目特征描述，按照《建设工程工程量清单计价规范》（GB 50500—2008）的规定。查表 3-15：

确定清单项目为：020205004；

确定清单项目名称为：石材梁面。

(3) 装饰装修工程工程量清单表填写

1) 填写装饰装修分部分项工程量清单

① 工程量清单表的填制方法。根据上述建筑装饰装修工程分部分项工程量清单项目的确定结果，按照“计价规范”规定的分部分项工程工程量清单格式，将有关内容分别填入相应的栏目中。

② 工程量清单表的填制实例。假设例 3-17 ~ 例 3-19 中工程量分别为 330m^2、450m^2、1265m^2，将其结果填入分部分项工程工程量清单表中。见表 3-16。

表 3-16 工程量清单

工程名称： 第 页 共 页

序号	项目编码	项目名称	项目特征描述	计量单位	工程数量
	B1	楼地面工程			
1	020205001001	花岗岩石材柱面	干挂万山红花岗岩石材方柱、型钢骨架，石材规格 600mm×600mm×25mm	m^2	330
2	020205003001	柱面镶贴瓷砖	150mm×150mm×5mm 瓷砖、1∶3 的水泥砂浆打底、1∶2 的水泥砂浆粘接层，瓷砖面层	m^2	450
3	020205004001	火烧板花岗岩石材装饰梁饰面	万山红火烧板花岗岩石材装饰梁饰面、型钢骨架、干挂、石材规格 600mm×600mm×28mm	m^2	1265
	本页小计				
	合计				

2) 填写措施项目清单。措施项目包括技术措施项目和组织措施项目两个部分。技术措施项目清单应由招标人根据工程项目的需用填写，其中适用于以“项”计价的措施项目，只需列出措施项目名称，填写措施项目清单表一，以综合单价形式计价的措施项目，填写在措施项目清单表二，技术措施项目的金额应由投标人填写，投标人根据工程项目的施工要求的需用，考虑本企业的施工技术与管理水平，确定完成该项目所需要采取的施工技术措施，计算技术措施项目所需支付的金额。

3) 填写其他项目清单。其他项目清单中招标人部分应由招标人填写（包括金额），投标人部分应由投标人填写。

其他项目清单表中的暂列金额、暂估价、计日工、总承包服务费项目由招标人填写，其他内容应由投标人填写，并应遵守下列规则：

① 计日工表所需的人工应按不同工种分别列出，所需的各种工程材料和施工机械应按不同品种、名称、规格、型号分别列出。

② 计日工表所需的工、料、机的计量单位：人工按“工日”计，材料按基本单位计，施工机械按“台班”计。

③ 计日工表所需的工、料、机的数量应由招标人根据工程实施过程的可能发生的零星工作，按估算数量进行填写。

④ 暂估价表由招标人在备注栏中说明暂估价的材料拟用在哪些清单项目上，依据专业

工程的金额，投标人应将上述材料暂估单价计入工程量清单综合单价报价中，专业工程的金额由招标人填写。

⑤ 总承包服务费计价表应由招标人列出发包的专业工程、供应材料的项目价值、服务内容，投标人根据招标人提供的项目，自行确定总承包费率和所需金额。

⑥ 工程竣工时，暂列金额、暂估价、计日工费应按实结算。

（4） 编写工程量清单编制说明。工程量清单说明主要表示的内容是招标人明确拟招标工程的工程概况和对有关问题的解释。主要包括以下几个方面：

1） 拟建工程概况。包括工程规模、工程特征、工期要求、工程现场实际情况、自然地理条件、交通运输状况、环境保护要求等。

2） 工程招标和分包范围（本工程发包范围）。

3） 工程量清单的编制依据。

4） 工程质量、工程材料与工程施工方面的特殊要求。

5） 招标人自行采购材料和设备的名称、品种、型号及规格、数量等通常可以在“甲方供应材料一览表”列出。

6） 暂列金额。用于施工合同签订时尚未确定或不可预见的所需材料、设备、服务的采购等。

7） 其他需要说明的问题。

3.10.3 建筑装饰装修分部分项工程清单工程量计算规则

建筑装饰装修分部分项工程工程量清单数量的计算主要通过工程量计算规则计算得到。工程量计算规则是指清单项目工程量的计算规定。除另有说明外，所用清单项目的工程量应以实体工程量为准，并以完成后的净值计算；投标人投标报价时，应在单价中考虑施工中的各种损耗和需要增加的工程数量。工程量的计算规则按主要专业划分为六个专业部分，其中，装饰装修工程专业就是主要专业之一。严格按照建筑装饰装修工程量计算规则计算装饰装修工程的分部分项工程清单工程量尤为重要。

1. 楼、地面清单工程量计算

（1） 有关问题的说明

1） 零星装饰适用于小面积（$1m^2$ 以内）少量分散的楼地面装修，其工程部位或名称，应在清单项目中进行描述。

2） 楼梯、台阶侧面装饰，可按零星装饰项目编码列项，并在清单项目中进行描述。

3） 扶手、栏杆、栏板适用楼梯、阳台、走廊、回廊及其他装饰性栏杆栏板。

（2） 清单工程量计算规则

1） 整体面层。水泥砂浆楼地面、现浇水磨石楼地面、细石混凝土楼地面的清单工程量应区别垫层厚度，材料种类，找平层厚度，砂浆配合比，防水层厚度，材料种类，面层厚度，水泥石子浆配合比，嵌条材料种类、规格，石子种类、规格、颜色，颜料种类、颜色、掺量，图案要求，磨光，酸洗打蜡要求等项目特征分别列出。

2） 块料面层。石材楼地面、块料楼地面的清单工程量应区别找平层厚度、配合比、材料种类，结合层厚度、砂浆配合比，面层材料品种、规格、品牌、颜色，嵌缝材料种类，防护材料种类，酸洗、打蜡要求等项目特征分别列出，其工程量按设计图示尺寸面积以“m^2”

计算，应扣除凸出地面构筑物、设备基础、室内铁道、地沟等所占面积，不扣除柱、垛、间壁墙、附墙烟囱及面积在 0.3m^2 以内的孔洞所占面积，但门洞、空圈、暖气包槽、壁龛的开口部分亦不增加。

3）橡塑面层。橡胶板楼地面、橡胶卷材楼地面、塑料板楼地面、塑料卷材楼地面，其清单工程量应区别找平层厚度、砂浆配合比，粘结层厚度、材料种类，面层材料品种、规格、品牌、颜色，压线条种类分别列出，按设计图示尺寸以面积“m^2”计算，门洞、空圈、暖气包槽、壁龛的开口部分并入相应的工程量内。

4）其他材料面层。其他材料面层楼地面包括地毯楼地面、竹木地板、防静电活动地板、金属复合地板，其清单工程量应区别不同的项目特征，分别按设计图示尺寸以面积“m^2”计算，门洞、空圈、暖气包槽、壁龛的开口部分并入相应的工程量内。

5）踢脚线。踢脚线包括水泥砂浆踢脚线、石材踢脚线、块料踢脚线、现浇水磨石踢脚线、塑料板踢脚线、木质踢脚线、金属踢脚线、防静电踢脚线等，其清单工程量应区别不同的项目特征，按设计图示尺寸长度乘高度以面积“m^2”计算。

当工程实际采用成品踢脚线时，可编制补充编码另行列项，其工程量可按实贴长度计算。

6）楼梯饰面

① 现浇水磨石楼梯面层，水泥砂浆楼梯面层。其清单工程量应区别找平层厚度、砂浆配合比，面层厚度、水泥石子浆配合比，防滑条材料的种类、规格，颜料种类、颜色，磨光、酸洗、打蜡要求等项目特征分别列出。

② 石材楼梯面层、块料楼梯面层。应区别找平层厚度、砂浆配合比，粘结层厚度、材料种类，面层材料品种、规格、品牌、颜色，防滑条材料种类、规格，勾缝材料种类，防护材料种类，酸洗打蜡要求等项目特征分别列出。

③ 地毯楼梯面木板楼梯面。应区别找平层厚度、砂浆配合比，基层材料种类、规格，面层材料品种、规格、品牌、颜色，粘结材料种类，防护材料种类、规格，固定配件材料种类，油漆品种、刷漆遍数等项目特征分别列出。

④ 楼梯饰面。其清单工程量按设计图示尺寸以楼梯（包括踏步、休息平台以及 50mm 以内的楼梯井）水平投影面积计算。楼梯与楼地面相连时，算至梯口梁内侧边沿；无梯口梁者，算至最上一层踏步边沿加 300mm。

7）扶手、栏杆、栏板装饰

① 金属扶手带栏杆、栏板，硬木扶手带栏杆、栏板，塑料扶手带栏杆、栏板。应区别扶手材料种类、规格、品牌、颜色，栏杆材料种类、规格、品牌、颜色，栏板材料种类、规格、品牌、颜色，固定配件种类，防护材料种类，油漆品种、刷漆遍数等项目特征分别列出。

② 靠墙金属扶手、硬木靠墙扶手栏杆、塑料靠墙扶手类。应区别扶手材料种类、规格、品牌、颜色，固定配件种类，防护材料种类，油漆品种、刷漆遍数等项目特征分别列出。

栏杆、拦板、扶手工程量均按中心线以长度“m”计算。计算时不扣除弯头所占的长度，弯头应包含在清单分项中。

8）各种台阶饰面。其清单工程量应区别不同的项目特征，按设计图示尺寸以实铺的水平投影面积“m^2”计算，台阶与地面分界以最后一个踏步外沿边另加 300mm 计算。

9）零星项目工程量。应区别不同的项目特征，按设计图示尺寸以实铺面积“m^2”计算。点缀按个计算，计算铺贴地面面积时，不扣除点缀所占面积。

2. 墙、柱面清单工程量计算

（1）有关问题的说明

1）面积在 $0.5m^2$ 以内少量分散装饰抹灰和镶贴块料饰面，应按零星抹灰和零星镶贴块料饰面的相关项目编码列项。

2）分项项目划分与列项时，石灰砂浆、水泥砂浆、混合砂浆、聚合物水泥砂浆、麻刀石灰、纸筋石灰、石膏灰等的抹灰应按墙、柱面装饰中“一般抹灰”项目编码列项。水刷石、斩假石（剁斧石、剁假石）、干粘石、假面砖等的抹灰应按墙、柱面装饰中“装饰抹灰”项目编码列项。

（2）工程量计算规则

1）墙面抹灰

① 墙面一般抹灰与装饰抹灰

墙面抹灰工程量应区别墙体类型，底层厚度、砂浆配合比，装饰面材料种类、厚度、砂浆配合比，装饰线条宽度、材料种类，按设计图示尺寸以面积计算，应扣除墙裙、门窗洞口和 $0.3m^2$ 以上的孔洞面积，不扣除踢脚线、挂镜线和墙与构件交接处的面积，门窗洞口和孔洞的侧壁及顶面亦不增加。附墙柱、梁、垛、烟囱侧壁并入相应的墙面面积内计算。

内墙面抹灰：

内墙裙抹灰：其工程量按主墙间的图示净长乘以图示墙裙高度以面积“m^2”计算。

内墙面抹灰：其工程量按主墙间的图示净长乘以图示墙的净高以面积“m^2”计算，墙面高度按室内地坪至顶棚底面净高计算，墙面抹灰面积应扣除墙裙抹灰面积。

外墙面抹灰：

外墙裙抹灰：其工程量按设计图示展开面积以“m^2”计算，扣除门窗洞口和孔洞所占的面积，但门窗洞口及孔洞侧壁面积也不增加。

外墙面抹灰：其工程量按外墙面的垂直投影面积以“m^2”计算，应扣除门窗洞口、外墙裙和孔洞所占的面积，不扣除 $0.3m^2$ 以内的孔洞所占的面积，门窗洞口及孔洞侧壁面积亦不增加。附墙柱侧面抹灰面积，应并入外墙面抹灰工程量内。

② 墙面勾缝按垂直投影面积计算，应扣除墙裙和墙面抹灰的面积，不扣除门窗洞口、门窗套、腰线等零星抹灰所占的面积，附墙柱和门窗洞口侧面的勾缝面积亦不增加。独立柱、房上烟囱勾缝按图示尺寸以面积“m^2”计算。

2）柱面抹灰。柱面一般抹灰与装饰抹灰，区别柱体类型，底层厚度、砂浆配合比，装饰面材料种类、厚度、砂浆配合比分别计算工程量，柱面勾缝，区别墙体类型、勾缝类型、勾缝材料种类分别计算工程量。其工程量均按设计图示尺寸以柱断面周长乘高度以抹灰面积“m^2”计算。

3）零星抹灰项目。零星项目一般抹灰与装饰抹灰区别柱体类型，底层厚度、砂浆配合比，装饰面材料种类、厚度、砂浆配合比，分别按设计图示尺寸以抹灰面积“m^2”计算。

4）墙面镶贴块料。石材墙面、碎拼石材墙面、块料墙面包括墙裙，其工程量区别墙体类型、材料，底层厚度、砂浆配合比，结合层厚度、材料种类，挂贴方式、干挂方式（膨胀螺栓、钢龙骨）、面层材料品种、规格、品牌、颜色、缝宽、嵌缝材料种类、防护材料种类、碎石磨光、酸洗打蜡要求，按实贴面积计算；按墙面的设计图示尺寸净长乘净高以面积“m^2”计算。扣除门窗洞口及0.3m^2以上的孔洞所占面积。

5）柱（梁）面镶贴块料。柱（梁）面镶贴块料工程量区别墙体材料，底层厚度、砂浆配合比，结合层厚度、材料种类，挂贴方式，干挂方式（膨胀螺栓、钢龙骨），面层材料品种、规格、品牌、颜色、缝宽，嵌缝材料种类，防护材料种类，碎石磨光、酸洗打蜡要求，按设计图示尺寸以镶贴表面积“m^2”计算。

6）零星镶贴块料项目。石材零星项目、碎拼石材零星项目、块料零星项目的工程量区别墙柱体类型、材料，底层厚度、砂浆配合比，结合层厚度、材料种类，挂贴方式，干挂方式，面层材料品种、规格、品牌、颜色、缝宽，嵌缝材料种类，防护材料种类，碎石磨光、酸洗打蜡要求，按实贴面积“m^2”计算。

7）装饰板墙面。装饰板墙面工程量区别墙体材料，底层厚度、砂浆配合比，龙骨材料种类、规格、中距，隔离层材料种类，基层材料种类、规格，面层材料品种、规格、品牌、颜色，压条材料种类、规格，防护材料种类，油漆品种、刷涂遍数，按设计图示尺寸墙净长乘净高以面积“m^2”计算。扣除门、窗洞口及0.3m^2以上的孔洞所占面积。

8）柱（梁）饰面。柱（梁）饰面工程量区别墙体材料，底层厚度、砂浆配合比，龙骨材料种类、规格、中距，隔离层材料种类，基层材料种类、规格，面层材料品种、规格、品牌、颜色，压条材料种类、规格，防护材料种类，油漆品种、刷漆遍数，按设计图示外围饰面尺寸乘高度（或长度）以面积“m^2”计算。柱帽、柱墩工程量并入相应柱面积内计算。

9）隔断。其工程量区别骨架，边框材料种类、规格，隔板材料品种、规格、品牌、颜色，压条材料种类、规格，防护材料种类，油漆品种、刷漆遍数，按设计图示尺寸以框外围面积“m^2”计算。扣除0.3m^2以上的孔洞所占面积。浴厕门的材质与隔断相同时，门的面积并入隔断面积计算。

10）幕墙

① 带骨架幕墙的工程量区别骨架材料种类、规格、中距，面层材料品种、规格、品牌、颜色，面层固定方式，嵌缝、塞口材料种类，按设计图示尺寸以框外围面积“m^2”计算，与幕墙同种材质的窗所占面积不扣除。

② 全玻幕墙的工程量区别玻璃品种、规格、品牌、颜色，粘结塞口材料种类、固定方式，按设计图示尺寸以面积“m^2”计算，带肋全玻璃幕墙按展开面积“m^2”计算。

3. 顶棚工程清单工程量计算

（1）有关问题的说明

1）分项划分的基本原则。本章清单分项划分主要根据顶棚装饰的基本做法，按照构件分项工程施工方法、构件构造特征和用料的不同划分为三部分：顶棚抹灰、顶棚吊顶及其他顶棚装饰。

2）工程中采光顶棚、顶棚保温隔热层、吸声层，应按建筑工程分部第八节中相关规则计算。

（2）清单工程量计算规则

1）顶棚抹灰。顶棚抹灰工程量区别基层种类，抹灰厚度，材料种类，砂浆配合比，按设计图示尺寸以水平投影面积“m^2”计算，不扣除间壁墙、垛、柱、附墙烟囱、检查口和管道所占的面积。带梁顶棚、梁两侧抹灰面积并入顶棚内计算，板式楼梯底面抹灰按斜面积计算，锯齿形楼梯底板按展开面积计算。

2）顶棚吊顶

① 吊顶顶棚饰面的工程量区别吊顶形式，龙骨材料种类、规格、间距，基层材料种类、规格，面层材料品种、品牌、颜色、规格，压条材料种类、规格，按设计图示尺寸以水平投影面积“m^2”计算。顶棚面层中的灯槽、跌级、锯齿形、吊挂式、藻井式展开增加的面积不另计算。不扣除间壁墙、检查洞、附墙烟囱、柱垛和管道所占面积。应扣除 $0.3m^2$ 以上孔洞、独立柱及与顶棚相连的窗帘盒所占的面积。

② 格栅吊顶、藤条造型悬挂吊顶、织物软雕吊顶的工程量区别底层厚度、砂浆配合比，骨架材料种类、规格，面层材料品种、规格、颜色，防护层材料种类，油漆品种，刷漆遍数，按设计图示尺寸以水平投影面积计算。

3）顶棚其他装饰

① 灯带清单工程量区别型号、尺寸，格栅片材料品种、规格、品牌、颜色，按设计图示尺寸以框外围面积（m^2）计算。

② 送风口、回风口的工程量区别风口材料品种、规格、品牌、颜色，安装固定方式，按设计图示数量以“个”计算。

4. 门窗工程清单工程量计算

（1）有关问题的说明

1）玻璃、百叶面积占其门扇面积一半以内者应为半玻门或半百叶门，超过一半时应为全玻百叶门。

2）木门五金应包括：合叶、插销、风钩、弓背拉手、搭扣、木螺钉、弹簧合页（自动门）、管子自由门、地弹簧（地弹门）、角铁、门轧头（地弹门、自由门）等。

3）木窗五金应包括：折页、插销、风钩、木螺钉、滑轮滑轨（推拉窗）等。

4）铝合金窗五金应包括：卡锁、滑轮、铰拉、执手、拉把、拉字、风撑、角码、牛角制等。

5）铝合金门五金应包括：地弹簧、门锁、拉手、门插、门铰、螺钉等。其他门五金应包括：L形执手插销（双舌）、球形执手锁（单舌）、门轧头、地锁、防盗门扣、广眼、门碰珠、电子销（磁卡销）、闭门器、装饰拉手等。

（2）清单工程量计算规则

1）木门。镶木板门、企口木板门、木装饰门、胶合板门、夹板装饰门、木纱门、连窗门、木质防门的工程量区别门类型，框截面尺寸，单扇面积，骨架材料种类，面层材料品种、规格、品牌、颜色，玻璃品种、厚度，五金要求，防护层材料种类，油漆品种，刷漆遍数，按设计图示数量（樘）或设计图示洞口尺寸以面积计算。

2）金属门

① 铝合金平开门、铝合金推拉门、铝合金地弹门的清单工程量区别门类型，框材质、外围尺寸，扇材质、外围尺寸、玻璃品种、厚度、五金要求，按设计图示数量（樘）或设计图示洞口尺寸以面积计算。

② 彩板门、塑钢门、防盗门、钢质防火门的清单工程量区别门的类型、框材、扇材质、外围尺寸、玻璃品种、厚度、五金要求，按设计图示数量（樘）或设计图示洞口尺寸以面积计算。

3）金属卷帘门、格栅门。金属卷闸门、金属格栅门、防火卷帘门的清单工程量区别门材质、框外围尺寸，启动装置品种、规格、品牌，五金特殊要求，防护材料种类，油漆品种，刷漆遍数，按设计图示数量（樘）或设计图示洞口尺寸以面积计算。

4）其他门

① 电子感应门、转门、电子对讲门、电动伸缩门的工程量区别门材质、品牌、外围尺寸，玻璃品种、厚度，五金要求，电子配件品种、规格、品牌，防护材料种类，按设计图示数量（樘）或设计图示洞口尺寸以面积计算。

② 全玻璃（带扇框）、全玻璃（无扇框，带装饰外框）、半玻璃（带扇框）镜面不锈钢饰面门的清单工程量区别门类型，框材质、外围尺寸，扇材质、外围尺寸，玻璃品种、厚度，五金要求，防护材料种类，油漆品种，刷漆遍数，按设计图示数量（樘）或设计图示洞口尺寸以面积计算。

5）木质平开窗、木质推拉窗、矩形木百叶窗、异形木百叶窗、木组合窗、木天窗、矩形木固定窗、异形木固定窗、装饰空花窗的清单工程量区别窗类型，框材质、外围尺寸，扇材质、外围尺寸、玻璃品种、厚度，五金要求，防护材料种类，油漆品种，刷漆遍数，按设计图示数量（樘）或设计图示洞口尺寸以面积计算。

6）金属窗。铝合金推拉窗、铝合金平开窗、铝合金百叶窗、彩板窗、塑钢窗、铝合金固定窗、金属防盗窗、金属格栅窗的清单工程量区别窗的类型，框的材质、外围尺寸，扇的材质、外围尺寸，玻璃品种、厚度，五金要求，防护材料种类，油漆品种，刷漆遍数，按设计图示数量（樘）或设计图示洞口尺寸以面积计算。

7）门窗套。实木门窗套、金属门窗套、石材窗套、门窗木贴脸、实木筒子、夹板饰面筒子板的清单工程量区别找平层厚度、砂浆配合比，立筋材料种类、规格，基层材料种类，面层材料品种、规格、品牌、颜色，防护材料种类，油漆品种、刷油遍数，按设计图示尺寸以展开面积“m^2”计算。

8）实木窗帘盒、饰面夹板窗帘盒、铝合金窗帘盒、窗帘道轨的清单工程量区别窗帘盒材质、规格、颜色，窗帘道轨材质、规格，防护材料种类，油漆种类、刷漆遍数，按设计图示尺寸以长度“m”计算。

9）窗台板。实木窗台板、铝塑窗台板、石材窗台板、金属窗台板的清单工程量区别找平层厚度、砂浆与配合比，窗台板材质、规格、颜色，防护材料种类，油漆种类、刷漆遍数，按设计图示尺寸安装长度以“m”计算。

5. 油漆、涂料、裱糊工程清单工程量计算

（1）工程量计算一般规定

1）门油漆。其清单项目区分单层木门、双层（一玻一纱）木门、双层（单裁口）木门、全玻自由门、半玻自由门、装饰门及有框门或无框门等，分别编码列项。

2）窗油漆。其清单项目区分单层玻璃窗、双层（一玻一纱）木窗、双层框扇（单裁口）木窗、双层框三层（二玻一纱）木窗、单层组合窗、双层组合窗、木百叶窗、木推拉窗等，分别编码列项。

3）木扶手应区分带托板与不带托板，分别编码列项。

（2）清单工程量计算规则

1）门、窗油漆。门、窗油漆清单工程量区别门窗类型，腻子种类、刮腻子要求、防护材料种类，油漆品种、刷漆遍数，按设计图示数量或设计图示单面洞口面积计算。

2）木扶手及其他板条线条油漆。木扶手油漆，窗帘盒油漆，封檐板、顺水板油漆，挂衣板、黑板框油漆，挂镜线、窗帘棍、单独木线油漆的工程量区别腻子种类、刮腻子要求、展开宽度、防护材料种类、油漆品种、刷漆遍数，按设计图示尺寸以长度“m”计算。

3）木材面油漆

① 木板、纤维板、胶合板顶棚、檐口油漆，木护墙、木墙裙油漆，窗台板、筒子板、盖板、门窗套、踢脚线油漆，清水板条顶棚、檐口油漆，木方格吊顶顶棚油漆，吸声板墙面、顶棚面油漆，暖气罩油漆的工程量区别腻子种类、刮腻子要求、防护材料种类、油漆品种、刷漆遍数，按设图示尺寸以面积“m^2”计算。

② 木间壁、木隔断油漆，玻璃间壁露明墙筋油漆，木栅栏、木栏杆（带扶手）油漆的工程量区别腻子种类，刮腻子要求、防护材料种类、油漆品种、刷漆遍数，按设计图示尺寸以单面外围面积“m^2”计算。

③ 油漆、梁柱饰面油漆，零星木装修油漆的清单工程量区别腻子种类、刮腻子要求、防护材料种类、油漆品种、刷漆遍数，按设计图示尺寸以油漆部分展开面积“m^2”计算。

④ 木地板油漆的清单工程量区别腻子种类、刮腻子要求、防护材料种类、油漆品种、刷漆遍数，按设计图示尺寸以面积“m^2”计算。门洞、空圈、暖气包槽、壁龛的开口部分并入相应的工程量内。

⑤ 木地板烫硬蜡面的清单工程量区别硬蜡品种，面层处理要求，按设计图示尺寸以面积“m^2”计算，门洞、空圈、暖气包槽、壁龛的开口部分并入相应的工程内。

4）金属面油漆。金属面油漆的清单工程量区别腻子种类、刮腻子要求、防护材料种类、油漆品种、刷漆遍数，按设计图示尺寸以质量“t”计算。

5）抹灰面油漆。抹灰面油漆的清单工程量区别腻子种类和刮腻子要求、防护材料种类、油漆品种、刷漆遍数，按设计图示尺寸以面积“m^2”计算。

6）喷塑、涂料。刷喷涂料，其清单工程量区别腻子种类、刮腻子要求、涂料品种、刷漆遍数，按设计图示尺寸以面积“m^2”计算。

7）花饰、线条涂料

① 空花格、栏杆刷涂料的清单工程量区别腻子种类、刮腻子要求、涂料品种、刷喷遍数，按设计图示尺寸以单面外围面积“m^2”计算。

② 线条刷涂料的清单工程量区别腻子种类、刮腻子要求、涂料品种、刷喷遍数，按设计图示尺寸以长度“m”计算。

8）裱糊。裱糊包括墙纸裱糊、织锦缎裱糊，其清单工程量区别裱糊构件部位，腻子种类，刮腻子要求，粘结材料种类，防护材料种类，面层材料品种、规格、品牌、颜色，按设计图示尺寸以面积“m^2”计算。

6. 其他工程清单工程量计算

（1）工程分项划分内容

1）其他工程包括货架、柜类、招牌、灯箱面层、美术字、压条、装饰条、暖气罩、镜面玻璃、拆除等。卫生洁具、装饰灯具、给排水、电气安装应按安装工程相应项目编码列项。

2）其他工程项目中铁件应包括刷防锈漆工作内容。如设计对涂刷油漆、防火涂料等有具体要求，可按“油漆、涂料、裱糊工程”相应子目编码列项。

（2）清单工程量计算规则

1）柜类、货架。具体包括柜台、酒柜、衣柜、书柜、厨房壁柜、木壁柜、厨房低柜、厨房吊柜、矮柜、吧台背柜、酒吧、吊柜、酒吧台展台、收银台、试衣间、货架、书架、服务台，其工程量区别台、柜、架类型、规格，材料种类、规格，五金种类、规格，防护材料种类，油漆品种、刷漆遍数，按设计图示数量“个”计算。

2）暖气罩。具体包括塑料板暖气罩、铝合金暖气罩、钢板暖气罩，其工程量区别暖气罩材质、单个罩垂直投影面积、防护材料种类、油漆品种、刷漆遍数，按设计图示尺寸以垂直投影面积（不展开）“m^2”计算。

3）浴厕配件

① 石材洗漱台的工程量区别材料品种、规格、品牌、颜色，支架、配件品种、规格、品牌，油漆品种、刷漆遍数，按设计图示尺寸以台面面积“m^2 计算。不扣除孔洞、挖弯、削角面积。挡板、吊沿板面积并入台面面积内计算。

② 晒衣架、帘子杆、浴缸拉手、毛巾杆（架）、毛巾环、卫生纸盒、肥皂盒的工程量区别材料品种、规格、品牌、颜色，支架、配件品种、规格、品牌，油漆品种、刷漆遍数，按设计图示数量“根”（套、副、个）计算。

③ 镜箱的工程量区别箱体材质、规格，框材质、断面尺寸，基层材料种类、防护材料种类、油漆品种、刷漆遍数，按设计图示数量“个”计算。

④ 镜面玻璃的工程量区别镜面玻璃品种、规格，框材质、断面尺寸，基层材料种类，防护材料种类，油漆品种、刷漆遍数，按设计图示尺寸以边框外围面积“m^2”计算。

4）压条、装饰线

① 金属装饰线、木质装饰线、石材装饰线、石膏装饰线、镜面玻璃线、铝塑装饰线、塑料装饰线的工程量区别基层类型，线条材料品种、规格、颜色，防护材料种类，油漆品种、刷漆遍数，按设计图示尺寸以长度“m”计算。

② 金属旗杆的工程量区别旗杆材质、种类、规格，旗杆高度，按设计图示数量以“根”计算。

5）招牌、灯箱

① 平面、箱式招牌、灯箱的工程量区别箱体规格，基层材料种类，面层材料种类，防护材料种类，油漆品种、刷漆遍数，按设计图示正立面外框尺寸以面积“m^2”计算（复杂形的凸凹造型部分不增加）。

② 竖式标箱、灯箱的工程量区别箱体规格、基层材料种类、面层材料种类、防护材料种类、油漆品种、刷漆遍数，按设计图示数量“个”计算。

6）美术字。美术字包括泡沫塑料字、有机玻璃字、木质字、金属字，其清单工程量区别材料品种、颜色，字体规格，固定方式，油漆品种、刷漆遍数，按设计图示尺寸、数量，分不同字体尺寸以“个”计算。

特别要注意的是清单计价的工程量计算规则与定额计价的工程量计算规则的区别，两者都是计算工程量，但工程量中所包含的工程内容是不同的。

思考题与习题

1. 楼地面用不同材料铺装的工程量如何计算?

2. 举例说明家装中块料楼地面和石材楼地面的二者区别。

3. 什么叫波打线?

4. 如何计算水泥砂浆踢脚线和花岗岩踢脚线的工程量?

5. 如何计算楼梯装饰装修面层的工程量?楼梯踏步侧面和底面的抹灰装饰如何计算工程量?

6. 墙、柱面块料饰面施工方法一般有哪些?简述以钢骨架作为受力连接构件的大理石干挂在混凝土墙上的做法。

7. 装饰抹面砂浆根据所用的胶结材料不同如何分类?各自配比是多少?

8. 什么部位的抹灰是“零星抹灰”?什么部位的镶贴块料是“零星镶贴块料”?

9. 窗台线、门窗套、挑檐、腰线、遮阳板等展开宽度在300mm以内者,按什么子目列项计算抹灰或镶贴块料工程量?如展开宽度超过300mm以上时,又如何计算?

10. 画简图表示悬吊式顶棚基本层次构成。

11. 铝合金龙骨的顶棚骨架,龙骨的工程量计算规则是按龙骨的根数以长度或质量计算,还是按龙骨所搭设的顶棚的投影面积计算?有跌级又如何计算?是否按展开面积计算?

12. 铝扣板、钙塑板、铝塑板、PVC塑料板有哪些区别?

13. 单层龙骨顶棚和双层龙骨顶棚有哪些区别?

14. 顶棚龙骨、基层、面层的工程量是如何计算的?有怎样的不同?

15. 简述镶板门、夹板门、拼板门的区别。

16. 如何计算木门窗油漆以及木材面油漆工程量?

17. 怎样计算木栏杆、钢栏杆的油漆工程量?怎样计算混凝土栏杆、花格栏杆等抹灰面油漆工程量?

18. 消耗量标准中单层木门刷油是按双面刷油考虑的,如采用单面刷油如何计算?

19. 招牌的灯饰均包括在消耗量标准内吗?

20. 简述压条和装饰条的区别。

21. 施工技术措施费、施工组织措施费、综合措施费包括哪些费用?

22. 室内凡计算了满堂脚手架者,其内墙装饰装修如何计算?将主体外脚手架改变其步高做外墙面装饰装修架时,其工程量又如何计算?

23. 垂直运输高度如何确定?

24. 你所在地区冬雨季施工费、空气检测工程的做法及取费是如何确定的?

25. 选定一套住宅精装修图样进行装饰装修各章节的工程量计算练习。

26. 何谓工程量清单?有何作用?

27. 工程量清单的编制依据有哪些?

28. 工程量清单“四统一”的内容有哪些?

29. 装饰工程量清单计算规则与装饰工程定额计算规则有何区别?

30. 建筑装饰装修工程量清单文件有哪些表格构成?

31. 如何正确描述工程量清单项目特征?

第 4 章　建筑装饰装修工程造价编制

知识点：建筑装饰装修工程费用构成与工程计费程序，建筑装饰装修工程工程量清单项目综合单价组价的确定方法，建筑装饰装修工程定额计价办法，建筑装饰装修工程工程量清单计价方法。

教学目标：通过学习使学生具备以下几个方面的能力：

(1) 能够依据装饰装修工程费用构成与工程计费程序，计算装饰工程各项工程费用。

(2) 能够依据企业定额、地方装饰工程定额或《全国统一装饰工程消耗量定额》编制工程量清单综合单价。

(3) 能够依据建筑装饰装修工程施工图样，按照定额计价方式编制装饰装修工程报价和按照工程量清单计价方式编制装饰装修工程投标报价。

4.1　建筑装饰装修工程造价费用构成

4.1.1　定额计价费用构成

原中华人民共和国建设部、财政部《关于印发〈建筑安装工程费用项目组成〉（建标［2003］206 号）的通知》的规定，建筑安装工程费由直接费、间接费、利润和税金组成（见图 4-1）。

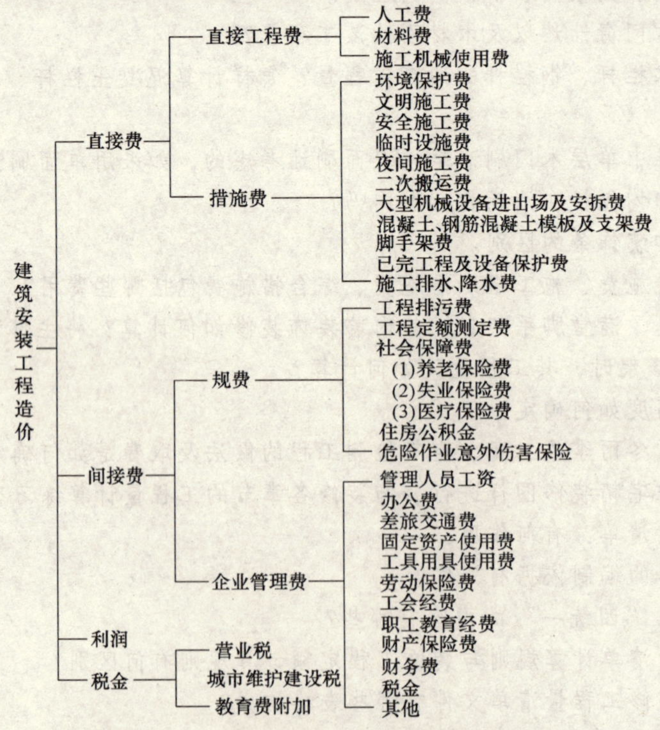

图 4-1　建筑安装工程造价组成示意图

其中，直接费中的措施费部分由环境保护费、文明施工费、安全施工费、临时设施费、夜间施工费、二次搬运费、脚手架费等 11 项组成；间接费中的规费由工程排污费、工程定额测定费、社会保障费等 5 项组成；间接费中企业管理费由管理人员工资、办公费、差旅交通费、职工教育经费、工会经费等 12 项组成；税金也包括营业税、城市维护建设税、教育费附加组成，而工程项目所在地不同，税金也不一样。这些费用都是建筑安装工程施工过程中可能要发生的费用，有些甚至是不可避免要发生的费用，但由于建筑安装施工生产的特点，这些费用又不能以消耗量的形式列入预算定额分项之内。因此，我们就需要以费率作为定额的表现形式。

4.1.2 清单计价费用构成

按照 2008 年 12 月 1 日起实施的国家标准《建设工程工程量清单计价规范》（GB 50500—2008）的有关规定，实行工程量清单计价，建筑安装工程造价则由分部分项工程费、措施项目费、其他项目费和规费组成，见图 4-2。

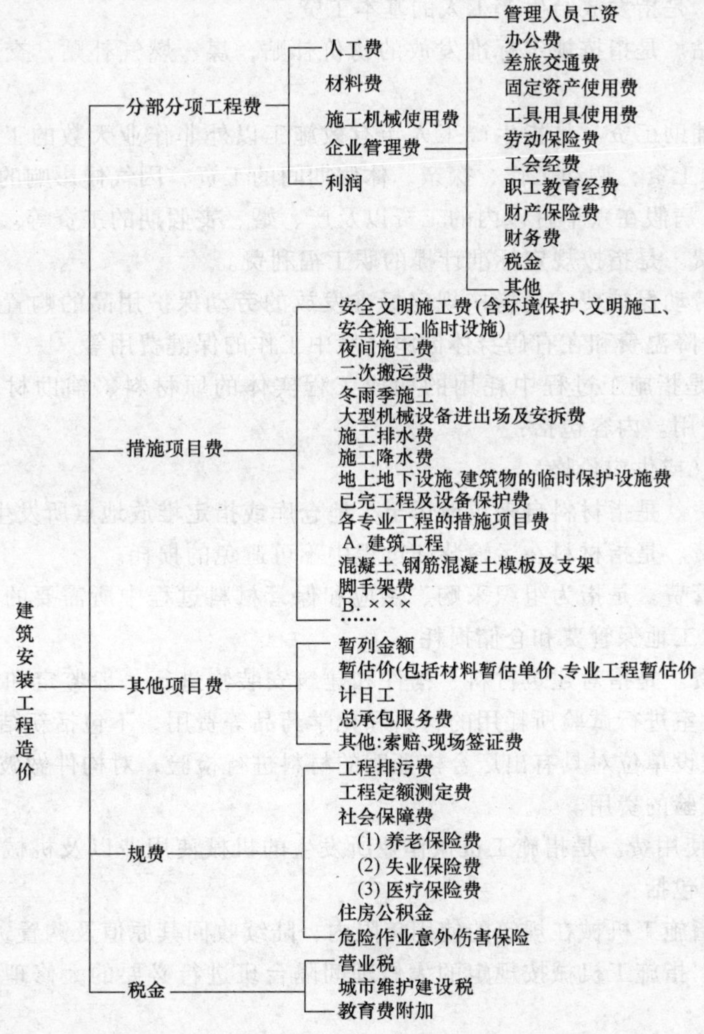

图 4-2 工程量清单计价的建筑安装工程造价组成示意图

值得注意的是，《建筑安装工程费用项目组成》（建标［2003］206号文件）主要表述的是建筑安装工程费用项目的组成，而《建设工程工程量清单计价规范》的建筑安装工程造价要求的是建筑安装工程在工程交易和工程实施阶段工程造价的组价要求，注意两者的差异。

1. 直接费

直接费由直接工程费和措施费组成。

（1）直接工程费。直接工程费是指施工过程中耗费的构成工程实体的各项费用，包括人工费、材料费和施工机械使用费。

1）人工费。是指直接从事建筑安装工程施工生产的工人开支的各项费用。单位工程人工费的计算公式为

$$人工费=\sum(分部分项工程人工消耗量定额\times日工资单价) \tag{4-1}$$

其中，日工资单价由日基本工资、日工资性补贴、日生产工人辅助工资、日职工福利费、日生产工人劳动保护费五部分组成。其含义分别为：

① 基本工资。是指发放给生产工人的基本工资。

② 工资性补贴。是指按规定标准发放的物价补贴，煤、燃气补贴，交通补贴，住房补贴和流动津贴等。

③ 生产工人辅助工资。是指生产工人年有效施工以外非作业天数的工资，包括：职工学习、培训期间的工资，调动工作、探亲、休假期间的工资，因气候影响的停工工资，女工哺乳时间的工资，病假在六个月以内的工资以及产、婚、丧假期的工资等。

④ 职工福利费。是指按规定标准计提的职工福利费。

⑤ 生产工人劳动保护费。是指按规定标准发放的劳动保护用品的购置费、修理费、徒工服装补贴、防暑降温费和在有碍身体健康环境中工作的保健费用等。

2）材料费。是指施工过程中耗用的构成工程实体的原材料、辅助材料、构配件、零件、和半成品的费用。内容包括：

① 材料原价（或供应价格）。

② 材料运杂费。是指材料自来源地运至工地仓库或指定堆放地点所发生的全部费用。

③ 运输损耗费。是指材料在运输装卸过程中不可避免的损耗。

④ 采购及保管费。是指为组织采购、供应和保管材料过程中所需要的各项费用，包括采购费、仓储费、工地保管费和仓储损耗。

⑤ 检验试验费。是指对建筑材料、构件和建筑安装物进行一般鉴定和检查所发生的费用，包括自设试验室进行试验所耗用的材料和化学药品等费用，不包括新结构、新材料的试验费，也不包括建设单位对具有出厂合格证明的材料进行检验，对构件做破坏性试验及其他特殊要求检验、试验的费用。

3）施工机械使用费。是指施工机械作业所发生的机械使用费以及机械安、拆费和场外运费。机械使用费包括：

① 折旧费。指施工机械在规定的使用年限内，陆续收回其原值及购置资金的时间价值。

② 大修理费。指施工机械按规定的大修理间隔台班进行必要的大修理，以恢复其正常功能所需的费用。

③ 经常修理费。指施工机械除大修理以外的各级保养和临时故障排除所需的费用，包

括为保障机械正常运转所需替换设备与随机配备工具附件的摊销和维护费用，机械运转中日常保养所需润滑与擦拭的材料费用，以及机械停滞期间的维护和保养费用等。

④ 安拆费及场外运费。安拆费指施工机械在现场进行安装与拆卸所需的人工、材料、机械和试运转费用以及机械辅助设施的折旧、搭设、拆除等费用。场外运费指施工机械整体或分体自停放地点运至施工现场，或由一施工地点运至另一施工地点的运输、装卸、辅助材料及架线等费用。

⑤ 人工费。是指机上司机（司炉）和其他操作人员的工作日人工费，以及上述人员在施工机械规定的年工作台班以外的人工费。

⑥ 燃料动力费。指施工机械在运转作业中所消耗的固体燃料（煤、木柴）、液体燃料（汽油、柴油）及水、电等费用。

⑦ 养路费及车船使用税。指施工机械按照国家规定及有关部门规定应缴纳的养路费、车船使用税、保险费及年检费等。

（2）措施费。措施费是指为顺利完成工程项目建造施工，发生于该工程施工前和施工过程中的所采取的各种措施的费用。

按照措施性质和费用计取方法可划分为综合措施费与技术措施费两类。

1）综合措施费。包括：

① 环境保护费。是指施工现场为达到环保部门要求所需要的各项费用。

② 文明施工费。是指施工现场文明施工所需要的各项费用。

③ 安全施工费。是指施工现场安全施工所需要的各项费用。

④ 临时设施费。是指施工企业为进行建筑安装工程施工所必须搭设的生活和生产用的临时建筑物、构筑物和其他临时设施费用等。临时设施包括：临时宿舍、文化福利及公用事业房屋与构筑物、仓库、办公室、加工厂以及规定范围内的道路、水、电、管线等临时设施和小型临时设施。临时设施费用包括：临时设施的搭设、维修、拆除或摊销费。

以上4项费用又称为安全文明施工费用。

⑤ 夜间施工增加费。是指因夜间施工所发生的夜班补助费、夜间施工降效、夜间施工照明设备摊销及照明用电等费用。

2）技术措施费。包括：

① 二次搬运费。是指因施工场地狭小等特殊情况而发生的二次搬运费用。

② 大型机械设备进出场及安拆费。是指机械整体或分体自停放场地运至施工现场或由一个施工地点运至另一施工地点，所发生的机械进出场运输及转移费用，以及机械在施工现场进行安装和拆卸所需的人工费、材料费、机械费、试运转费及安装所需的辅助设施的费用。

③ 混凝土、钢筋混凝土模板及支架费。是指混凝土施工过程中需要的各种钢模板、木模板、支架等的支、拆、运输费用及模板、支架的摊销（或租赁）费用。

④ 脚手架搭拆费。是指施工需要的各种脚手架搭、拆、运输费用及脚手架的摊销（或租赁）费用。

⑤ 已完工程及设备保护费。是指竣工验收前，对已完工程及设备进行保护所需的费用。

⑥ 施工排水、降水费。是指为确保工程在正常条件下施工，采取各种排水、降水措施所发生的费用。

⑦ 高层建筑增加费。

⑧ 检验试验费。

⑨ 缩短工期措施费。

⑩ 无自然采光、通风照明、通信施工设施增加费。

⑪ 其他。

3）措施费费率测算的方法。原建设部（建标［2003］206 号）文件规定了通用措施费项目的计算方法，各专业工程的专用措施费项目的计算方法由各地区或国务院有关专业主管部门的工程造价管理机构自行制定。通用措施费项目的费率测算可根据费用发生的具体情况进行测定与计算。

① 环境保护费费率。环境保护费率通常以企业承建工程项目直接工程费为计算基础进行测定与计算。

$$\text{环境保护费费率}(\%)=\frac{\text{环境保护费用年度平均支付额}}{\text{全年建安产值}\times\text{直接工程费占总造价比例}(\%)}\times 100\% \tag{4-2}$$

② 安全文明施工费费率。安全文明施工费费率通常以企业承建工程项目的直接工程费为计算基础进行测定与计算。

$$\text{安全文明施工费费率}(\%)=\frac{\text{安全文明施工费用年度平均支付额}}{\text{年度建安产值}\times\text{直接工程费占总造价比例}(\%)}\times 100\% \tag{4-3}$$

③ 临时设施费费率。临时设施费由以下三部分组成：周转使用临建（如活动房）费；一次性使用临建（如简易建筑）费；其他临时设施（如临时管线）费。

$$\text{临时设施费}=(\text{周转使用临建费}+\text{一次性使用临建费})\times(1+\text{其他临时设施所占比例}) \tag{4-4}$$

其中：

$$\text{周转使用临建费}=\sum\left[\frac{\text{临建面积}\times\text{每平方米造价}}{\text{使用年限}\times 365\times\text{利用率}(\%)}\times\text{工期(天)}\right]+\text{一次性拆除费} \tag{4-5}$$

$$\text{一次性使用临建费}=\sum\text{临建面积}\times\text{每平方米造价}\times[1-\text{残值率}]+\text{一次性拆除费} \tag{4-6}$$

其他临时设施在临时设施费中所占比例，可由各地区造价管理部门依据典型施工企业的成本核算资料经分析测算后综合取定。

临时设施费率通常以不同地区各类企业承建工程项目的直接工程费或者人工费为计算基础进行测定与计算。

当以直接工程费为计费基础时

$$\text{临时设施费费率}(\%)=\frac{\text{临时设施费用年度平均支付额}}{\text{年度建安产值}\times\text{直接工程费占总造价比例}(\%)}\times 100\% \tag{4-7}$$

当以工程人工费为计费基础时

$$\text{临时设施费费率}(\%)=\frac{\text{临时设施费用年度平均支付额}}{\text{年度建安产值}\times\text{工程人工费占总造价比例}(\%)}\times 100\% \tag{4-8}$$

④ 冬、雨期及夜间施工增加费。冬、雨期及夜间施工增加费率通常以不同地区种类企业承建工程项目的直接工程费或者人工费为计算基础进行测定与计算。

$$夜间施工增加费=\left(1-\frac{合同工期}{定额工期}\right)\times\frac{直接工程费中人工费合计}{平均日工资单价}\times 日平均夜间施工费开支 \tag{4-9}$$

当以直接工程费为计费基础时

$$冬、雨期及夜间施工增加费费率(\%)=\frac{冬、雨期及夜间施工-年平均支付额}{年度建安产值\times 直接工程费占总造价比例(\%)}\times 100\% \tag{4-10}$$

当以工程人力费为计费基础时

$$冬、雨期及夜间施工增加费费率(\%)=\frac{冬、雨期及夜间施工-年平均支付额}{年度建安产值\times 工程人工费占总造价比例(\%)}\times 100\% \tag{4-11}$$

⑤ 二次搬运费。二次搬运费通常以企业承建工程项目的直接工程费为计算基础进行测定与计算。二次搬运费费率（%）的计算公式为

$$二次搬运费费率(\%)=\frac{年平均二次搬运费开支额}{全年建安产值\times 直接工程费占总造价比例(\%)}\times 100\% \tag{4-12}$$

⑥ 大型机械进出场及安拆费

$$大型机械进出场及安拆费=\frac{一次进出场及安拆费\times 年平均安拆次数}{年工作台班} \tag{4-13}$$

⑦ 混凝土、钢筋混凝土模板及支架费

$$模板及支架费=模板摊销量\times 模板价格+支、拆、运输费 \tag{4-14}$$

$$租赁费=模板使用量\times 使用日期\times 租赁价格+支、拆、运输费 \tag{4-15}$$

⑧ 脚手架搭拆费

$$脚手架搭拆费=脚手架摊销量\times 脚手架价格+支、拆、运输费 \tag{4-16}$$

$$租赁费=脚手架每日租金\times 搭设周期+支、拆、运输费 \tag{4-17}$$

⑨ 已完工程及设备保护费

$$已完工程及设备保护费=成品保护所需机械费+材料费+人工费 \tag{4-18}$$

⑩ 施工排水、降水费

$$施工排水、降水费=\sum 排降水机械台班费\times 排降水周期+排降水使用材料费、人工费 \tag{4-19}$$

2. 间接费

间接费包括规费和企业管理费。

(1) 规费。规费是指按照政府和有关管理部门的相关规定，必须缴纳的费用（简称规

费）。包括：

1）工程排污费。指施工现场按规定缴纳的工程排污费。

2）工程定额测定费。指按规定支付工程造价（定额）管理部门的定额测定费。

3）社会保障费。包括养老保险费、失业保险费、医疗保险费。其中养老保险费是指企业按规定标准为职工缴纳的基本养老保险费；失业保险费是指企业按照国家规定标准为职工缴纳的失业保险费；医疗保险费是指企业按照规定标准为职工缴纳的基本医疗保险费。

4）住房公积金。是指企业按规定标准为职工缴纳的住房公积金。

5）危险作业意外伤害保险。是指企业为从事危险作业的建筑安装施工人员支付的意外伤害保险费。

（2）企业管理费。企业管理费是指建筑施工企业从事施工经营活动，为组织工程项目所发生的管理费用。企业管理费内容繁多，可归纳为非生产性费用、为项目施工服务的费用、为工人服务的费用以及其他管理费用等几个方面。具体内容有：

1）管理人员工资。是指建筑施工企业管理人员的基本工资、工资性补贴及按规定标准的职工福利费。

2）办公费。是施工企业办公用文具、纸张、账表、印刷、邮电、书报、会议、水、电、燃煤（气）等费用。

3）差旅交通费。是施工企业职工因公出差、工作调动的差旅费，住勤补助费，市内及误餐补助费，职工探亲路费，劳动力招募费，离退休、退职职工一次性路费，工伤人员就医路费和工地转移费以及管理部门使用的交通工具的油料、燃料、牌照、养路费等。

4）固定资产使用费。是指管理和试验部门及附属生产单位使用的属于固定资产的房屋、设备、仪器等的折旧、大修、维修或租赁费。

5）工具用具使用费。是指管理中使用不属于固定资产的工具、用具、交通工具、检验、试验、消防等的摊销及维修费用。

6）劳动保险费。是由企业支付离退休职工的易地安家补助费、职工退休金、六个月以上的病假人员工资、职工死亡丧葬补助费、抚恤费、按规定支付给离休干部的各项经费。

7）工会会费。是施工企业根据有关规定，按职工工资总额的2%计提的用于工会活动的经费。

8）职工教育经费。是施工企业为职工学习先进技术和提高文化水平，按职工工资总额的1.5%计提的费用。

9）财产保险费。是施工企业管理用财产、车辆保险等保险费用。

10）财务费。是企业为筹集资金而发生的各项费用。

11）税金。是施工企业按规定交纳的房产税、车船使用税、土地使用税、印花税等。

12）其他费用。是指技术转让费、技术开发费、业务招待费、排污费、绿化费、广告费、公证费、法律顾问费、审计费和咨询费等。

3. 利润

利润是施工企业完成所承包工程获得的盈利。利润的计取，不仅可以增加施工企业的收入，改善职工的福利待遇和技术装备，调动施工企业广大职工的积极性，而且可以增加社会总产值和国民收入。按照不同的计价程序，利润的形成也有所不同。在编制概算和预算时，依据不同的投资来源、工程类别实行差额利润率。

随着市场经济的进一步发展，企业决定利润率水平的自主权将会更大。在投标报价时，企业可以根据工程的难易程度、市场竞争情况和自身的经营管理水平自行确定合理的利润率。

利润计算公式见本教材中相关内容，具体利润率可由报价企业根据需要自由掌握确定。有以直接工程费为基数计算的，也有以人工费为基数计算的。

4. 税金

建筑安装工程的税金是指国家税法规定的应计入建筑安装工程造价内的营业税、城市维护建设税和教育费附加。

（1）营业税的税额为营业额的3%。

（2）城市维护建设税的纳税人所在地为市区的，按营业税的7%征收；所在地为县镇的，按营业税的5%征收；所在地为农村的，按营业税的1%征收。

（3）教育费附加为营业税的3%。

4.2　建筑装饰装修工程定额计价方法

4.2.1　建筑装饰装修工程定额计价概念、特点、计价文件组成及定额计价原理

1. 概念与特点

定额计价是工程造价计价的一种传统模式，是依据现行预算定额规定的分部分项工程和结构构件工程量计算规则结合设计资料和施工组织设计，列项并逐项计算工程量，套用定额单价（或单位估价表）确定直接费用，然后根据费用定额规定的费用项目和费率确定其他费用，经汇总得出工程造价的计价模式。

定额计价方法是按照社会必要劳动时间的消耗标准确定工程造价的，所以定额计价方法最突出的特点就是每一分项工程和结构构件的实物消耗量标准和单价是确定的数值，一个工程项目总价的高低是由其工程量的大小决定的。由于消耗量和单价是由其所在地区的生产力水平和物价水平决定的，都是相对稳定的数字，所以定额计价确定的造价在其所在地区是相对准确的，它反映的是该地区的社会平均价格。

随着我国市场经济的建立和不断发展，企业之间的竞争日趋激烈，定额计价方法已经不能充分发挥承包商的主观能动性，不能体现各承包商的技术水平和管理水平，不利于承包商之间的竞争。所以目前我国的计价模式正处在改革的时期，正在从定额计价向工程量清单计价模式转变。从新中国成立至今，定额计价方法在我国已经沿用几十年，由于我国幅员辽阔，各地经济水平发展不平衡，以及定额计价的相对准确性，目前我国仍然有许多地区采用定额计价模式。

2. 计价文件组成

定额计价文件是定额计价的成果，一份完整的定额计价文件包括封面、编制说明、工程总值计算表、工程预算表、工料机汇总表、价差计算表、工程量计算表、工料分析表。定额

计价文件编制完成后，要按照规定的顺序装订成册，签字盖章。

3. 定额计价的原理

建筑装饰装修工程是一个凝聚物质资料和人类劳动的产品，具有商品的特性。它既包含各种人工、材料、机械使用的价值，又包含工人在施工过程中创造的价值。这些价值都应包含在建筑装饰装修工程造价中。定额计价的基本原理就是用预算定额统一规定的人工、材料、机械台班消耗量标准和统一的人工单价、材料预算价格、机械台班单价来确定工程造价。采用定额计价方法，从某种意义上来说，一件确定的建筑装饰装修产品，其价格在同一地区应该是确定的，因为其计算方法、数量、单价都是统一的。但实际工作中，同一件产品，同样的计算方法，同样的消耗量标准，由于计算水平的差异，不同的人计算的造价却是不同的。这两个矛盾的方面存在的弊端，一是不利于企业之间的竞争，二是不能够最准确地反映工程的价格。这正是定额计价不能适应市场经济的根本原因。

4.2.2 定额法编制建筑装饰装修工程造价的依据

装饰装修工程造价的编制是一项综合性的工作，其准确和完善的编制依据是编制装饰装修工程造价的必备条件，定额法编制建筑装饰装修工程造价的主要依据如下：

1. 设计资料

设计资料是定额计价的主要工作对象，它包括经审批后的全套装饰工程施工图样，设计说明书及设计选用的构配件、门窗等标准图集。

2. 定额资料

包括本地区现行的建筑装饰工程概预算定额、费用定额、单位估价表、材料预算价格及其他有关造价信息的文件，是定额计价的基本资料和计算标准。

3. 施工资料（施工方案）

经批准的施工组织设计（施工方案）是确定装饰工程具体施工方法、施工进度计划、施工现场平面布置等的主要施工技术文件，这类资料在计算工程量、套用定额项目及费用计算中都有重要作用。

4. 工具书等辅助资料

在定额计价工作中，有一些工程量直接计算比较繁项也较易出错，为提高工作效率、简化计算过程，概预算人员往往需要借助于工具书如五金手册、材料手册等，在定额计价时直接查用。特别对一些较复杂的工程，收集所涉及的辅助资料非常重要。

5. 合同资料

建设单位与施工单位的工程合同内容，或在材料、设备、加工订货方面的分工也是定额计价的编制依据。

4.2.3 定额法编制建筑装饰装修工程造价的步骤

定额法编制建筑装饰装修工程造价的步骤根据其编制方法的不同有所不同。目前，建筑装饰装修工程造价的编制方法有单价法和实物法。

1. 单价法编制建筑装饰装修工程造价

（1）单价法的含义。单价法就是根据施工图和当地当时的预算定额进行列项，然后计算出各分项工程量，再套用预算定额或单位估价表计算各分项工程的直接工程费，经汇总得出单位工程的直接工程费（即人工费、材料费、机械使用费之和），然后以此为基数，按地区规定计算间接费、利润、税金，经汇总得出单位工程造价的方法。

（2）单价法编制建筑装饰装修工程造价的步骤

1）收集并熟悉各种编制依据资料。

2）列项。

3）计算工程量。

4）套用预算定额基价计算直接工程费。

5）工、料、机分析和汇总。

6）计算其他各项费用并汇总得出单位工程造价。

7）复核。

8）写编制说明、填写封面、装订成册。

2. 实物法编制建筑装饰装修工程造价

（1）实物法的含义。实物法是首先根据施工图样分别计算出分项工程量，然后套用预算定额中人工、材料、机械台班消耗量计算各分项工程所需的工、料、机数量，经汇总得出单位工程所需的工、料、机数量，再分别乘以工程所在地当时的工、料、机单价，经汇总得出直接工程费（即人工费、材料费、机械使用费之和），然后以此为基数，按地区规定计算间接费、利润、税金，经汇总得出单位工程造价的方法。

（2）实物法编制建筑装饰装修工程造价的步骤

1）收集并熟悉各种编制依据资料。

2）列项。

3）计算工程量。

4）套用预算定额消耗量计算各分项工程工、料、机消耗量。

5）汇总得出单位工程工、料、机消耗量。

6）确定工、料、机单价。

7）计算单位工程人工费、材料费、机械使用费并汇总得出直接工程费。

8）计算其他各项费用并汇总得出单位工程造价。

9）复核。

10）写编制说明、填写封面、装订成册。

4.2.4 定额法编制建筑装饰装修工程造价实例

为了对用定额法编制装饰装修工程预算有一个比较完整的认识，进一步掌握编制的程序和方法，本书以某市光明小区住宅楼标准层某户的家装预算作为实例了解预算编制过程。

1. 编制依据

（1）工程概况。某市光明小区住宅楼，砖混结构六层，三个单元，一梯两户，共36户，户型都相同，每户建筑面积为103.99m²，其内装修图样及工程做法详见附图（图4-3～图4-7）及表4-44。

（2）计价模式。本预算采用定额计价模式计价，并采用单价法计算。

(3) 定额资料

1)《山西省装饰装修工程消耗量定额》(2005) 及其价目汇总表。

2)《山西省建设工程费用定额》(2005), 其中费率按专业承包计取、规费按费用定额规定的上限费率计取。

(4) 其他依据

1) 施工技术措施费只考虑满堂脚手架。

2) 材料检验试验费按费用定额规定的材料费的 0.2% 计取。

3) 材料差价依据 2008 年 5 月太原地区材料价格信息计算。

2. 编制要求

编制施工图所示标准层某户的装饰装修工程预算。

3. 实例编制

本预算实例包括下列内容:

(1) 预算封面 (见表 4-1)。

(2) 编制说明 (见表 4-2)。

(3) 单位工程费用计算表 (见表 4-3)。

(4) 施工组织措施费计算表 (见表 4-4)。

(5) 装饰工程预算书 (见表 4-5)。

(6) 单位工程人、材、机价差计算表 (见表 4-6)。

(7) 工程量计算书 (见表 4-7)。

(8) 工料分析表 (略)

表 4-1 预算封面

装饰装修工程预算书			
建设单位名称		施工单位名称	
单位工程名称 光明小区住宅楼家装工程		建筑面积 103.99m²	
预结算总造价 39337.39 元		平方米造价 378.28 元/m²	
建设单位(公章) (编审单位)	主管 编审	施工单位(公章)	主管 编制
		年 月 日	

表 4-2 编制说明

1. 本预算计价方法为定额计价模式。
2. 本预算依据光明小区住宅楼标准层家装工程施工图编制。
3. 定额采用《山西省装饰装修工程消耗量定额》(2005)及其价目汇总表。
4. 取费依据《山西省建设工程费用定额》(2005)规定,其中费率按专业承包计取、规费按费用定额规定的上限费率计取。
5. 施工技术措施费只考虑满堂脚手架。
6. 材料检验试验费按费用定额规定的材料费的 0.2% 计取。
7. 材料差价依据 2008 年 5 月太原地区材料价格信息计算。
8. 本预算只包括施工图所示标准层某户的装饰预算,且未含灯饰、厨具、卫生洁具部分。
9. 本工程所在地为某市区。

表 4-3 单位工程费用计算表

工程名称：光明小区住宅楼家装工程

序号	费用名称	计算公式	费率(%)	费用金额/元
1	直接工程费	分部分项直接工程费合计＋分部分项直接工程费中材料费×0.002		26982.96
2	施工技术措施费	技术措施费合计＋技术措施费中材料费×0.002		489.91
3	施工组织措施费	施工组织措施费合计		1033.46
4	直接费小计	(1)＋(2)＋(3)		28506.33
5	企业管理费	(4)×相应费率	6	1710.38
6	规费	(6.1)～(6.7)		2448.69
6.1	其中： 养老保险费	(4)×相应费率	5.2	1482.33
6.2	失业保险费	(4)×相应费率	0.3	85.52
6.3	医疗保险费	(4)×相应费率	1.1	313.57
6.4	工伤保险费	(4)×相应费率	0.15	42.76
6.5	住房公积金	(4)×相应费率	1.5	427.59
6.6	危险作业意外伤害保险	(4)×相应费率	0.20	57.01
6.7	工程定额测定费	(4)×相应费率	0.14	39.91
7	间接费小计	(5)＋(6)		4159.07
8	利润	[(4)＋(7)]×相应费率	6.5	2123.25
9	动态调整	分部分项工程所有人、材、机价差＋技术措施中所有人材机价差		3251.57
10	税金	[(4)＋(7)＋(8)＋(9)]×相应费率	3.41	1297.17
11	工程造价	(4)＋(7)＋(8)＋(9)＋(10)		39337.39

表 4-4 施工组织措施费计算表

工程名称：光明小区住宅楼家装工程

序号	费用名称	计算公式	费率(%)	费用金额/元
1	直接工程费(含材料检验试验费)	分部分项直接工程费合计＋分部分项直接工程费中材料费×0.002		26982.96
2	施工组织措施费	(2.1)～(2.10)		1033.46
2.1	文明施工费	(1)×相应费率	0.44	118.73
2.2	生活性临时设施费	(1)×相应费率	0.79	213.17
2.3	生产性临时设施费	(1)×相应费率	0.37	99.84
2.4	夜间施工费	(1)×相应费率	0.15	40.47
2.5	冬、雨期施工增加费	(1)×相应费率	0.28	75.55
2.6	二次搬运费	(1)×相应费率	0.26	70.16
2.7	工程定位复测、工程点交、场地清理	(1)×相应费率	0.01	2.70
2.8	室内环境污染物检测费	(1)×相应费率	0.48	129.52
2.9	生产工具用具使用费	(1)×相应费率	0.55	148.41
2.10	安全施工费	(1)×相应费率	0.5	134.91

表 4-5　装饰工程预算书

（含材料检验费）

工程名称：光明小区住宅楼家装工程　　　　　　第 1 页　　共 3 页

序号	编号	子目名称	工程量		工程费/元				
			单位	数量	单价	合价	人工费	材料费	机械费
		一、分部分项				26939.12	4875.94	21917.7	145.48
		（一）楼地面工程				7068.13	992.27	6064.96	10.9
1	B1-42	600mm×600mm 花岗岩楼面	$100m^2$	0.346	9908.28	3427.27	321.27	3106	
2	B1-98	石材面层酸洗打蜡	$100m^2$	0.346	205.33	71.02	49.81	21.21	
3	B1-65	600mm×600mm 抛光瓷砖楼面	$100m^2$	0.085	5156.38	439.33	99.2	340.13	
4	B1-71	300mm×300mm 防滑地砖楼面	$100m^2$	0.053	4630.61	245.88	131.66	113.18	1.04
5	A7-116	聚氨酯防水涂料防水层	$100m^2$	0.058	4429	255.56	7.88	247.68	
6	A10-19	1:3水泥砂浆找平层 20mm	$100m^2$	0.053	586.87	31.17	12.51	17.7	0.96
7	A10-12	C15 细石混凝土找坡层	$10m^3$	0.021	1784.22	37.47	7.31	29.28	0.88
8	B1-145	复合强化木地板	$100m^2$	0.291	7514.6	2182.99	232.43	1950.56	
9	A10-19	1:3水泥砂浆找平层 20mm	$100m^2$	0.291	586.87	170.48	68.41	96.83	5.24
10	A10-20	1:3水泥砂浆找平层增 5mm	$100m^2$	0.291	121.85	35.4	12.78	21.23	1.39
11	A10-20	1:3水泥砂浆找平层增 5mm	$100m^2$	0.291	121.85	35.4	12.78	21.23	1.39
12	B1-147	实木踢脚线 120mm	$100m^2$	0.055	2480.25	136.16	36.23	99.93	
		（二）墙柱面工程				2447.72	1302.49	1110.27	34.96
13	B2-5	纸筋石灰墙面	$100m^2$	1.118	580.04	648.38	453.27	174.94	20.17
14	B2-254	200mm×300mm 白瓷砖墙面	$100m^2$	0.507	3075.99	1558.6	675.68	874.32	8.6
15	B2-58	12mm 厚 1:3:9水泥石灰膏砂浆打底	$100m^2$	0.507	475.12	240.74	173.54	61.01	6.19
		（三）顶棚工程				3416.52	601.95	2809.98	4.59
16	B3-11	水泥砂浆顶棚抹面	$100m^2$	0.455	712.6	324.24	219.88	99.77	4.59
17	B3-48	不上人型装配式 U 形轻钢龙骨吊顶，450×450	$100m^2$	0.233	3594.73	837.58	128.48	709.1	

装饰工程预算书

（含材料检验费）

工程名称：光明小区住宅楼家装工程　　　　第2页　　共3页

序号	编号	子目名称	工程量		工程费/元				
			单位	数量	单价	合价	人工费	材料费	机械费
18	B3-96	纸面石膏板安装在轻钢龙骨上（平面型）	$100m^2$	0.245	1479.5	362.33	65.83	296.5	
19	B3-55	轻钢龙骨直线型造型线条	100m	0.079	1922.19	152.24	12.83	139.41	
20	B3-47	不上人型装配式U形轻钢龙骨吊顶，300×300	$100m^2$	0.126	4539.56	570.62	75.53	495.09	
21	B3-93	3mm胶合板安装在轻钢龙骨上（平面型）	$100m^2$	0.126	1001.6	125.9	27.83	98.07	
22	B3-109	铝塑板吊顶面层（平面型）	$100m^2$	0.126	8302.41	1043.61	71.57	972.04	
		（四）门窗工程				10151.69	916.78	9178.13	56.78
23	B4-186	装饰门扇制安（小玻造型门）	$100m^2$	0.113	8686.25	978.08	344.56	608.07	25.45
24	B4-442	木装饰门扇五金	樘	6	8.9	53.4		53.4	
25	B4-412	执手锁	10个	0.6	50.1	30.06	30.06		
26	B4-351	成品防盗门安装	$100m^2$	0.021	27626.12	580.15	15.75	562.82	1.58
27	B4-补1	成品防盗门	樘	1	1500	1500		1500	
28	B4-250	铝合金推拉门制作安装（无上亮子）	$100m^2$	0.038	16284.14	615.54	88.84	526.7	
29	B4-358	成品塑钢窗安装（带亮子）	$100m^2$	0.115	20728.6	2387.93	86.4	2296.25	5.28
30	B4-358	塑钢阳台封闭	$100m^2$	0.104	20728.6	2155.78	78	2073.01	4.77
31	B4-385	成品塑钢窗安装（带亮子）	$10m^2$	0.877	889.67	780.24	136.81	636.71	6.72
32	B4-387	塑钢阳台封闭	$10m^2$	0.877	284.92	249.87	31.57	211.1	7.2
33	B4-388	窗套，松、衫板直接安装在墙面上	$10m^2$	0.5	438.86	219.43	24.75	194.68	
34	B4-390	窗套，贴柚木饰面板面层	$10m^2$	0.5	283.93	141.97	16.5	121.36	4.11
35	B4-394	窗帘帷幕板：木龙骨水曲柳面层（板厚20mm以内）	$10m^2$	0.204	322.28	65.74	15.3	48.77	1.67

装饰工程预算书

（含材料检验费）

工程名称：光明小区住宅楼家装工程　　　　第 3 页　　共 3 页

序号	编　号	子目名称	工程量		工程费/元				
			单位	数量	单价	合价	人工费	材料费	机械费
36	B4-393	窗帘盒制作安装（18mm 胶合板、不带轨）	10m	0.36	247.26	89.01	22.03	66.98	
37	B4-406	不锈钢窗帘轨安装（双轨）	100m	0.138	2206.42	304.49	26.21	278.28	
		（五）油漆、涂料、裱糊工程				2160.26	961.68	1198.58	
38	B5-67	装饰门扇刷聚酯清漆	$100m^2$	0.088	3629.51	318.67	105.99	212.68	
39	B5-305	木门扇油漆面抛光打蜡	$100m^2$	0.088	334.52	29.37	17.04	12.33	
40	B5-69	门窗套刷聚酯清漆	$100m^2$	0.114	2122.1	242.55	103.52	139.03	
41	B5-306	门窗套油漆面抛光打蜡	$100m^2$	0.114	155.61	17.79	10.29	7.5	
42	B5-69	窗帘盒、窗帘帷幕板刷聚酯清漆	$100m^2$	0.036	2122.1	75.54	32.24	43.3	
43	B5-306	窗帘盒、窗帘帷幕板油漆面漆抛光打蜡	$100m^2$	0.036	155.61	5.54	3.2	2.34	
44	B5-75	宽度 100 以内木线条刷聚酯清漆（门窗贴脸）	100m	0.686	477.08	327.27	173.28	153.99	
45	B5-307	门窗贴脸油漆面抛光打蜡	100m	0.686	28.19	19.33	16.46	2.87	
46	B5-75	宽度 100 以内木线条刷聚酯清漆（顶角线）	100m	0.441	477.08	210.49	111.45	99.04	
47	B5-307	顶角线油漆面抛光打蜡	100m	0.441	28.19	12.44	10.59	1.85	
48	B5-69	实木踢脚线刷聚酯清漆	$100m^2$	0.046	2122.1	96.77	41.3	55.47	
49	B5-306	踢脚线油漆面抛光打蜡	$100m^2$	0.046	155.61	7.09	4.1	2.99	
50	B5-213	顶棚面刮乳胶漆三遍	$100m^2$	0.455	506.93	230.66	96.1	134.56	
51	B5-213	内墙面乳胶漆三遍	$100m^2$	1.118	506.93	566.75	236.12	330.63	
		（六）其他工程				1694.8	100.77	1555.78	38.25
52	B6-79	80mm 红榉木顶角线	100m	0.441	1353.03	596.95	39.44	542.54	14.97
53	B6-85	门窗木贴脸板（成品 60mm）	100m	0.686	1600.36	1097.85	61.33	1013.24	23.28
		二、技术措施项目				489.33	187.09	290.26	11.98
54	A13-22	满堂脚手架	$100m^2$	0.775	631.64	489.33	187.09	290.26	11.98

表 4-6　单位工程人、材、机价差计算表

工程名称：光明小区住宅楼家装工程　　　　第 1 页　　共 1 页

序　号	材 料 名 称	单　　位	材料量	预算价/元	市场价/元	价差/元	价差合计/元
1	安装锯材	m^3	0.037	1170	1940	770	28.49
2	薄钢板	t	0.001	3300	6050	2750	2.75
3	醇酸防锈漆	kg	0.007	9.98	7.78	-2.2	-0.02
4	挡脚板锯材	m^3	0.002	1170	1970	800	1.2
5	焊条	kg	0.204	4.2	6.4	2.2	0.45
6	镀锌铁丝	kg	38.255	4.3	6.65	2.35	89.9
7	混凝土预埋铁件	kg	2.011	4.69	6.6	1.91	3.84
8	胶合板	m^2	23.646	7.81	9.9	2.09	49.42
9	脚手架板锯材	m^3	0.064	1350	1970	620	39.37
10	脚手架钢管	kg	6.841	2.98	5.9	2.92	19.98
11	脚手架扣件	套	0.101	2.61	6	3.39	0.34
12	脚手架扣件	套	0.899	4.7	6	1.3	1.17
13	脚手架扣件	套	0.333	4.91	6	1.09	0.36
14	脚手架扣件	套	0.17	4.91	6	1.09	0.19
15	矿渣硅酸盐水泥	t	0.413	260	325	65	26.81
16	矿渣硅酸盐水泥	t	1.768	240	265	25	44.2
17	其他锯材	m^3	0.025	1170	1890	720	18.14
18	胶合板	m^2	13.199	6.15	8.3	2.15	28.38
19	生石灰	t	0.78	70	160	90	70.24
20	水洗中(粗)砂	m^3	4.409	38	110	72	317.46
21	铁件	kg	4.347	4.34	6.6	2.26	9.82
22	细砂	m^3	0.829	27	46	19	15.74
23	木龙骨	m^3	0.177	1170	1890	720	127.22
24	一般装修锯材	m^3	0.131	1420	2190	770	100.49
25	油漆溶剂油(松香水)	kg	0.062	4.1	5.1	1	0.06
26	平板玻璃	m^2	4.836	21.53	24.03	2.5	12.09
27	圆钉	kg	1.332	4.4	6.45	2.05	2.73
28	圆钉	kg	0.519	4.3	6.45	2.15	1.12
29	中(粗)砂	m^3	2.541	33	70	37	94
30	人工	工日	3.266	25	36	11	35.93
31	柴油	kg	1.246	3.55	7.15	3.6	4.49
32	电	kW·h	32.806	0.56	0.56	0	0.13
33	碎石	m^3	0.185	39	70	31	5.72
34	综合工日	工日	122.383	30	43	13	1590.98
35	综合工日	工日	46.218	25	36	11	508.4
	合计						3251.57

表 4-7　工程量计算书

工程名称：光明小区住宅楼家装工程　　　　第 1 页　　共 4 页

序号	定额编号	分项工程名称	单位	工程量	计算公式	备注
		楼地面工程				
1	B1-42	600mm × 600mm 花岗岩楼面	m^2	34.59	客厅(4.8 − 0.24) × (6 − 0.12 − 0.24 − 0.12 − 0.86) + (2.1 − 0.24) × (0.86 + 0.24) 餐厅(3.6 − 0.24) × (3.6 − 0.24)	客厅 餐厅
2	B1-98	石材面层酸洗打蜡	m^2	34.59	同上	
3	B1-65	600mm × 600mm 抛光瓷砖楼面	m^2	12.41	(2.4 − 0.24) × (3.6 − 0.24) (3.7 − 0.12) × (1.5 − 0.06)	厨房 阳台
4	B1-71	300mm × 300mm 防滑地砖楼面	m^2	5.31	(2.7 − 0.24) × (3.7 − 2.4 − 0.12 + 0.12 + 0.86)	卫生间
5	A7-116	聚氨酯防水涂料防水层	m^2	5.77	(2.7 − 0.24) × (3.7 − 2.4 − 0.12 + 0.12 + 0.86) + [(2.7 − 0.24) + (3.7 − 2.4 − 0.12 + 0.12 + 0.86)] × 2 × 0.05	卫生间
6	A10-19	1∶3 水泥砂浆找平层 20mm	m^2	5.31	同上	卫生间
7	A10-12	C15 细石混凝土找坡层	m^3	0.21	[(2.7 − 0.24) × (3.7 − 2.4 − 0.12 + 0.12 + 0.86)] × (0.05 + 0.03) × 0.5	卫生间
8	B1-145	复合强化木地板	m^2	29.05	(3.6 − 0.24) × (4.5 − 0.24) + (3.7 − 0.24) × (4.5 − 0.24)	卧室
9	A10-19	1∶3 水泥砂浆找平层 20mm	m^2	29.05	同上	卧室
10	A10-20	1∶3水泥砂浆找平层增 5mm	m^2	29.05	同上	卧室
11	A10-20	1∶3水泥砂浆找平层增 5mm	m^2	29.05	同上	卧室
12	B1-147	实木踢脚线 120mm	m^2	5.49	[(4.5 − 0.24 + 3.6 − 0.24) × 2 − 0.9 + (4.5 − 0.24 + 3.7 − 0.24) × 2 − 0.9 − 1.8 + (3.6 − 0.24 + 3.6 − 0.24) × 2 − 0.9 + (2.7 + 2.1 − 0.24 + 3.6 − 2.4) × 2 − 0.9 − 0.9 − 0.86 − 0.9 − 0.8 − 1] × 0.12	卧室、餐厅、客厅

工程量计算书

工程名称：光明小区住宅楼家装工程　　　　第2页　　共4页

序号	定额编号	分项工程名称	单位	工程量	计算公式	备注
		墙柱面工程				
13	B2-5	纸筋石灰墙面	m^2	111.78	[(4.5－0.24＋3.6－0.24)×2＋(4.5－0.24＋3.7－0.24)×2＋(3.6－0.24＋3.6－0.24)×2]×2.9＋(2.7＋2.1－0.24＋3.6－2.4)×(2.9－0.35＋0.1)－(0.9×2.1×6＋0.8×2.1＋0.86×2.1＋1×2.10)－(1.8×1.5×2＋2.4×1.8＋1.8×2.1)	卧室、餐厅、客厅
14	B2-254	200mm×300mm白瓷砖墙面	m^2	50.67	[(2.4－0.24)＋(3.6－0.24)]×2×(2.6＋0.1)－0.8×2.1 (2.7－0.24＋3.7－2.4＋0.86)×2×(2.6＋0.1)－0.86×2.1 [(1.5－0.06)×2＋(3.7－0.12)]×0.9＋(3.7－0.12)×2.9－1.8×2.1	厨房 卫生间 阳台
15	B2-58	12mm厚1∶3∶9水泥石灰膏砂浆打底	m^2	50.67	同上	厨房 卫生间 阳台
		顶棚工程				
16	B3-11	水泥砂浆顶棚抹面	m^2	45.5	(3.6－0.24)×(4.5－0.24)＋(3.7－0.24)×(4.5－0.24) (3.7－0.12)×(1.5－0.06) (3.6－0.24)×(3.6－0.24)	卧室 阳台 餐厅
17	B3-48	不上人型装配式U形轻钢龙骨吊顶，450×450	m^2	23.3	(4.8－0.24)×(6－0.12－0.24－0.12－0.86)＋(2.1－0.24)×(0.86＋0.24)	客厅
18	B3-96	纸面石膏板安装在轻钢龙骨上(平面型)	m^2	24.49	(4.8－0.24)×(6－0.12－0.24－0.12－0.86)＋(2.1－0.24)×(0.86＋0.24)＋(4.8－0.24－1.2＋3.6＋2.4－0.24－1.2)×0.15	客厅
19	B3-55	轻钢龙骨直线型造型线条	m	7.92	(4.8－0.24－1.2＋3.6＋2.4－0.24－1.2)	客厅
20	B3-47	不上人型装配式U形轻钢龙骨吊顶，300×300	m^2	12.57	(2.4－0.24)×(3.6－0.24) (2.7－0.24)×(3.7－2.4－0.12＋0.12＋0.86)	厨房 卫生间
21	B3-93	3mm胶合板安装在轻钢龙骨上(平面型)	m^2	12.57	(2.4－0.24)×(3.6－0.24) (2.7－0.24)×(3.7－2.4－0.12＋0.12＋0.86)	厨房 卫生间
22	B3-109	铝塑板吊顶面层(平面型)	m^2	12.57	(2.4－0.24)×(3.6－0.24) (2.7－0.24)×(3.7－2.4－0.12＋0.12＋0.86)	厨房 卫生间

工程量计算书

工程名称：光明小区住宅楼家装工程 **第 3 页　共 4 页**

序号	定额编号	分项工程名称	单位	工程量	计算公式	备注
		门窗工程				
23	B4-186	装饰门扇制安(小玻造型门)	m^2	11.26	0.9×2.1×3+0.86×2.1+0.8×2.1+1×2.1	M-1、M-2、M-3、M-5
24	B4-442	木装饰门扇五金	樘	6	6	M-1、M-2、M-3、M-5
25	B4-412	执手锁	个	6	6	M-1、M-2、M-3、M-5
26	B4-351	成品防盗门安装	m^2	2.1	1×2.1	M-6
27	补 1	成品防盗门	樘	1	1	M-6
28	B4-250	铝合金推拉门制作安装(无上亮子)	m^2	3.78	1.8×2.1	M-4
29	B4-358	成品塑钢窗安装(带亮子)	m^2	11.52	1.8×1.5×2+2.4×1.8+1.2×1.5	C-1、C-2、C-4
30	B4-358	塑钢阳台封闭	m^2	10.4	(3.7+1.5)×2	阳台
31	B4-385	门套,18mm 胶合板基层(无门框带止口)	m^2	8.77	[(0.9+2.1×2)×3+(0.86+2.1×2)+(0.8+2.1×2)+(1.8+2.1×2)+(1+2.1×2)]×0.24	
32	B4-387	门套,贴柚木饰面板面层	m^2	8.77	同上	
33	B4-388	窗套,松、衫板直接安装在墙面上	m^2	5	[(1.8+1.5)×2×2+(2.4+1.8)×2+(1.2+1.5)×2]×0.37×0.5	
34	B4-390	窗套,贴柚木饰面板面层	m^2	5	同上	
35	B4-394	窗帘帷幕板:木龙骨水曲柳面层(板厚 20mm 以内)	m^2	2.04	(3.6−0.24+3.7−0.24+3.6−0.24)×0.2	卧室、餐厅高 200
36	B4-393	窗帘盒制作安装(18mm 胶合板、不带轨)	m	3.6	2.4+0.6×2	客厅
37	B4-406	不锈钢窗帘轨安装(双轨)	m	13.8	(3.6−0.24+3.7−0.24+3.6−0.24)+(2.4+0.6×2)	

工程量计算书

工程名称：光明小区住宅楼家装工程 **第4页 共4页**

序号	定额编号	分项工程名称	单位	工程量	计算公式	备注
		油漆涂料裱糊工程				
38	B5-67	装饰门扇刷聚酯清漆	m^2	8.78	11.26×0.78	0.78为系数
39	B5-305	木门扇油漆面抛光打蜡	m^2	8.78	同上	
40	B5-69	门窗套刷聚酯清漆	m^2	11.43	(8.77+5)×0.83	0.83为系数
41	B5-306	门窗套油漆面抛光打蜡	m^2	11.43	同上	
42	B5-69	窗帘盒、窗帘帷幕板刷聚酯清漆	m^2	3.56	3.6×0.2×2+0.2×0.2×2+2.04	窗帘盒高宽为200
43	B5-306	窗帘盒、窗帘帷幕板油漆面漆抛光打蜡	m^2	3.56	同上	
44	B5-75	宽度100以内木线条刷聚酯清漆(门窗贴脸)	m	68.6	[(0.9+2.1×2)×3+(0.86+2.1×2)+(0.8+2.1×2)+(1.8+2.1×2)+(1+2.1×2)]+0.06×4×13 [(1.8+1.5)×2×2+(2.4+1.8)×2+(1.2+1.5)×2]+0.06×8×4	成品木线安装、带45°割角
45	B5-307	门窗贴脸油漆面抛光打蜡	m	68.6	同上	
46	B5-75	宽度100以内木线条刷聚酯清漆(顶角线)	m	44.12	(4.5−0.24+3.6−0.24)×2+(4.5−0.24+3.7−0.24)×2+(3.6−0.24+3.6−0.24)×2	卧室、餐厅
47	B5-307	顶角线油漆面抛光打蜡	m	44.12	同上	
48	B5-69	实木踢脚线刷聚酯清漆	m^2	4.56	5.49×0.83	0.83为系数
49	B5-306	踢脚线油漆面抛光打蜡	m^2	4.56	5.49×0.83	0.83为系数
50	B5-213	顶棚面刮乳胶漆三遍	m^2	45.5	(3.6−0.24)×(4.5−0.24)+(3.7−0.24)×(4.5−0.24) (3.7−0.12)×(1.5−0.06) (3.6−0.24)×(3.6−0.24)	卧室 阳台 餐厅
51	B5-213	内墙面乳胶漆三遍	m^2	111.78	同抹灰墙面	
		其他工程				
52	B6-79	80mm红榉木顶角线	m	44.12	(4.5−0.24+3.6−0.24)×2+(4.5−0.24+3.7−0.24)×2+(3.6−0.24+3.6−0.24)×2	卧室、餐厅
53	B6-85	门窗木贴脸板(成品60mm)	m	68.6	[(0.9+2.1×2)×3+(0.86+2.1×2)+(0.8+2.1×2)+(1.8+2.1×2)+(1+2.1×2)]+0.06×4×13 [(1.8+1.5)×2×2+(2.4+1.8)×2+(1.2+1.5)×2]+0.06×8×4	成品木线安装、带45°割角
		技术措施项目				
54	A13-22	满堂脚手架	77.47	m^2	34.59+8.52+5.31+29.05	

4.3 建筑装饰装修工程工程量清单计价办法

4.3.1 工程量清单计价概述

1. 工程量清单计价基本概念

工程量清单计价是工程造价计价的另一种模式，在建设工程招标投标中，招标人按照《建设工程工程量清单计价规范》统一的工程量计算规则提供工程量清单，投标人依据工程量清单、拟建工程的施工方案，结合自身实际情况并考虑风险因素，确定工程项目各部分的单价，进而确定工程总价的计价模式。

2003年2月17日，原中华人民共和国建设部、中华人民共和国国家质量监督检验检疫总局联合颁发了《建设工程工程量清单计价规范》（GB 50500—2003），即03规范，从2003年7月1日开始施行。该计价规范的颁布标志着我国在工程造价管理领域的改革进入了一个新的阶段，从此我国工程造价的计价模式发生了质的变化。2008年7月9日，在总结03规范实施以来的经验和执行中的问题的基础上，中华人民共和国住房和城乡建设部、中华人民共和国国家质量监督检验检疫总局联合颁发了《建设工程工程量清单计价规范》（GB 50500—2008），即08规范，从2008年12月1日开始施行。08规范进一步完善了我国工程量清单计价的内容，条文更具可操作性。从03规范施行到08规范施行，我国大部分地区都使用了工程量清单计价模式，或者由于地区经济的原因在同时使用着定额计价和工程量清单计价两种模式。工程量清单计价是国际上通用的一种计价模式，推行工程量清单计价是适应我国工程投资体制和建设管理体制改革的需要，是深化我国工程造价管理改革的一项重要工作。

2. 工程量清单计价的作用

（1）实行工程量清单计价，是规范建设市场秩序，适应社会主义市场经济发展的需要。工程量清单计价是市场形成工程造价的主要形式，工程量清单计价有利于发挥企业自主报价的能力，实现由政府定价向市场定价的转变；有利于规范业主在招标中的行为，有效避免招标单位在招标中盲目压价的行为，从而真正体现公开、公平、公正的原则，适应市场经济规律。

（2）实行工程量清单计价，是促进建设市场有序竞争和健康发展的需要。采用工程量清单招标投标，对招标人来说，由于工程量清单是招标文件的组成部分，招标人必须编制出准确的工程量清单，并承担相应的风险，促进了招标人行为的规范。由于工程量清单是公开的，将避免工程招标中弄虚作假、暗箱操作等不规范行为。对投标人来说，要正确进行工程量清单报价，必须对单位工程成本、利润进行分析，精心选择施工方案，合理组织施工，合理控制现场费用和施工技术措施费用，促进了投标人管理水平的提高。此外，工程量清单对保证工程款的支付、结算都起到重要作用。

（3）实行工程量清单计价，有利于我国工程造价政府管理职能的转变。实行工程量清单计价，将过去由政府控制的指令性定额计价转变为适应市场经济规律需要的工程量清单计价方法，由过去政府直接干预转变为对工程造价依法监督，有效地加强了政府对工程造价的宏观调控。

（4）工程量清单计价是国际通行的计价方法，在我国实行工程量清单计价，有利于提高国内建设各方主体参与国际化竞争的能力。

4.3.2 工程量清单计价文件与编制程序

1. 工程量清单计价文件

根据《建设工程工程量清单计价规范》（GB 50500—2008）规定，采用工程量清单计价，建设工程造价由分部分项工程费、措施项目费、其他项目费、规费和税金组成，无论工程量清单计价文件是确定招标控制价或是投标报价或是竣工结算价，每一种计价文件必须包含以上五项费用，并采用统一的格式。

工程量清单计价表格由下列内容组成：

（1）封面

1）工程量清单：封-1。

2）招标控制价：封-2。

3）投标总价：封-3。

4）竣工结算总价：封-4。

（2）总说明：表-01。

（3）汇总表

1）工程项目招标控制价/投标报价汇总表：表-02。

2）单项工程招标控制价/投标报价汇总表：表-03。

3）单位工程招标控制价/投标报价汇总表：表-04。

4）工程项目竣工结算汇总表：表-05。

5）单项工程竣工结算汇总表：表-06。

6）单位工程竣工结算汇总表：表-07。

（4）分部分项工程量清单表

1）分部分项工程量清单与计价表：表-08。

2）工程量清单综合单价分析表：表-09。

（5）措施项目清单表

1）措施项目清单与计价表（一）：表-10。

2）措施项目清单与计价表（二）：表-11。

（6）其他项目清单表

1）其他项目清单与计价汇总表：表-12。

2）暂列金额明细表：表-12-1。

3）材料暂估单价表：表-12-2。

4）专业工程暂估价表：表-12-3。

5）计日工表：表-12-4。

6）总承包服务费计价表：表-12-5。

7）索赔与现场签证计价汇总表：表-12-6。

8）费用索赔申请（核准）表：表-12-7。

9）现场签证表：表-12-8。

（7）规费、税金项目清单与计价表：表-13。

（8）工程款支付申请（核准）表：表-14。

2. 工程量清单计价编制的程序

（1）熟悉工程量清单。工程量清单是计算工程造价最重要的依据，在计价时必须全面了解每一个清单项目的特征描述，熟悉其所包括的工程内容，以便在计价时不漏项，不重复计算。

（2）研究招标文件。工程招标文件的有关条款、要求和合同条件是计算工程计价的重要依据。在招标文件中对有关承发包工程范围、内容、期限、工程材料、设备采购供应办法等都有具体规定，只有在计价时按规定进行，才能保证计价的有效性。因此，投标单位拿到招标文件后，根据招标文件的要求，要对照图样，对招标文件提供的工程量清单进行复查或复核。

（3）熟悉施工图样。全面、系统地阅读图样，是准确计算工程造价的重要工作。阅读图样时应注意以下几点：

1）按设计要求，收集图样选用的标准图、大样图。

2）认真阅读设计说明，掌握装饰构件的部位和尺寸，装饰施工要求及特点。

3）了解本专业施工与其他专业施工工序之间的关系。

4）对图样中的错、漏以及表示不清楚的地方予以记录，以便在招标答疑会上询问解决。

（4）熟悉工程量计算规则。当采用消耗量定额分析分部分项工程的综合单价时，对消耗量定额的工程量计算规则的熟悉和掌握，是快速、准确地分析综合单价的重要保证。

（5）了解施工组织设计。施工组织设计或施工方案是施工单位的技术部门针对具体工程编制的施工作业的指导性文件，其中对施工技术措施、安全措施、施工机械配置、是否增加辅助项目等，都应在工程计价的过程中予以注意。施工组织设计所涉及的费用主要属于措施项目费。

（6）熟悉加工定货的有关情况。明确建设、施工单位双方在加工定货方面的分工。对需要进行委托加工定货的设备、材料、零件等，提出委托加工计划，并落实加工单位及加工产品的价格。

（7）明确主材和设备的来源情况。主材和设备的型号、规格、质量、材质、品牌等对工程计价影响很大，因此主材和设备的范围及有关内容需要招标人予以明确，必要时注明产地和厂家。

（8）计算工程量。清单计价的工程量计算主要有两部分内容，一是核算工程量清单所提供清单项目工程量是否准确，二是计算每一个清单所组合主体项目和辅助项目工程量，以便分析综合单价。

（9）确定措施项目清单内容。措施项目清单是完成项目施工必须采取的措施所需的工作内容，该内容必须结合项目的施工方案或施工组织设计的具体情况填写，因此，在确定措施项目清单内容时，一定要根据自己的施工方案或施工组织设计加以修改。

（10）计算综合单价。综合单价是指完成工程量清单中一个规定计量单位清单项目所需的总费用。综合单价的费用内容包括：人工费、材料费、施工机械使用费、企业管理费、利润、一定范围内的风险费用。

计算综合单价的过程就是组价的过程，组价是招标控制价编制人（招标人或其委托人）或标价编制人（投标人）根据工程量清单，招标文件，地区（或企业）消耗量定额，施工图样，施工组织设计，人、材、机单价等资料，计算组合的分项工程单价（简称综合单价）。

（11）计算分部分项工程费并进行各项目的综合单价分析。分部分项工程组价完成后，根据分部分项工程量清单及综合单价，以单位工程为对象计算分部分项工程费用。

$$分部分项工程费 = \sum(分部分项清单工程量) \times 综合单价 \tag{4-20}$$

（12）计算措施项目费。根据工程量清单中的措施项目的名称结合现场实际情况、施工组织设计等进行计算。

（13）计算其他项目费、规费、税金等。其他项目费要根据招标人确定的费用计算，计入投标报价。规费、税金是不可竞争费用，要根据国家、省、市有关规定计算。

（14）将分部分项工程项目费、措施项目费、其他项目费和规费、税金汇总、合并、计算出单位工程造价。

（15）计算单项工程费。将单项工程中各单位工程费汇总即形成单项工程费。

（16）计算工程项目总价。将工程项目中各单项工程费汇总即形成工程项目总价。

（17）写编制说明、填写封面、装订成册。

4.3.3 工程量清单计价法编制装饰工程造价

根据《建设工程工程量清单计价规范》（GB 50500—2008）的规定，工程量清单计价应采用统一格式。工程量清单计价可以编制招标控制价、投标价、竣工结算价等文件，下面以投标价为例介绍其计价格式。

1. 封面

封面由投标人按规定的内容填写、签字、盖章（见表4-8）。

表4-8 封面

投 标 总 价
招标人：______________________________
工程名称：______________________________
投标总价（小写）：________________________
（大写）：________________________
投标人：______________________________
（单位盖章）
法定代表人
或其授权人：____________________________
（签字或盖章）
编制人：______________________________
（造价人员签字盖专用章）
编制时间：××年 ××月 ××日
封-3

2. 总说明（见表4-9）

表4-9 总说明

工程名称：　　　　第　页　共　页

3. 工程项目（单项工程、单位工程）**投标报价汇总表**（见表4-10～表4-12）

表4-10 工程项目投标报价汇总表

工程名称　　　　第　页　共　页

序　号	单项工程名称	金额/元	其　中		
			暂估价/元	安全文明施工费/元	规费/元
合　计					

注：本表适用于工程项目招标控制价或投标报价的汇总。

表4-11 单项工程投标报价汇总表

工程名称：　　　　第　页　共　页

序　号	单项工程名称	金额/元	其　中		
			暂估价/元	安全文明施工费/元	规费/元
合　计					

注：本表适用于单项工程招标控制价或投标报价的汇总。暂估价包括分部分项工程中的暂估价和专业工程暂估价。

表 4-12　单位工程投标报价汇总表

工程名称：　　　　　　　　标段：　　　　　　　　第　页　共　页

序　号	汇总内容	金额/元	其中暂估价/元
1	分部分项工程		
1.1			
1.2			
1.3			
2	措施项目		
2.1	安全文明施工费		
3	其他项目		
3.1	暂列金额		
3.2	专业工程暂估价		
3.3	计日工		
3.4	总承包服务费		
4	规费		
5	税金		
招标控制价合计=(1)+(2)+(3)+(4)+(5)			

4. 分部分项工程量清单与计价表（见表 4-13）

表 4-13　分部分项工程量清单与计价表

工程名称：　　　　　　　　标段：　　　　　　　　第　页　共　页

序号	项目编码	项目名称	项目特征描述	计量单位	工程量	金额/元		
						综合单价	合价	其中暂估价
本页小计								
合　计								

注：根据原建设部、财政部发布的《建筑安装工程费用组成》（建标［2003］206 号）的规定，可在表中增设其中：“直接费”、“人工费”或“人工费+机械费”。

5. 工程量清单综合单价分析表（见表 4-14）

表 4-14　工程量清单综合单价分析表

工程名称：　　　　　　　　　　　　　　标段：　　　　　　　　　　　　　　　　第　页　共　页

<table>
<tr><td colspan="2">项目编码</td><td colspan="2"></td><td colspan="2">项目名称</td><td colspan="2"></td><td colspan="2">计量单位</td><td colspan="2"></td></tr>
<tr><td colspan="12">清单综合单价组成明细</td></tr>
<tr><td rowspan="2">定额编号</td><td rowspan="2">定额名称</td><td rowspan="2">定额单位</td><td rowspan="2">数量</td><td colspan="4">单价/元</td><td colspan="4">合价/元</td></tr>
<tr><td>人工费</td><td>材料费</td><td>机械费</td><td>管理费和利润</td><td>人工费</td><td>材料费</td><td>机械费</td><td>管理费和利润</td></tr>
<tr><td></td><td></td><td></td><td></td><td></td><td></td><td></td><td></td><td></td><td></td><td></td><td></td></tr>
<tr><td></td><td></td><td></td><td></td><td></td><td></td><td></td><td></td><td></td><td></td><td></td><td></td></tr>
<tr><td></td><td></td><td></td><td></td><td></td><td></td><td></td><td></td><td></td><td></td><td></td><td></td></tr>
<tr><td colspan="2">人工单价</td><td colspan="6">小　计</td><td></td><td></td><td></td><td></td></tr>
<tr><td colspan="2">元/工日</td><td colspan="6">未计价材料费</td><td colspan="4"></td></tr>
<tr><td colspan="8">清单项目综合单价</td><td colspan="4"></td></tr>
<tr><td rowspan="6">材料费明细</td><td colspan="5">主要材料名称、规格、型号</td><td>单位</td><td>数量</td><td>单价/元</td><td>合价/元</td><td>暂估单价/元</td><td>暂估合价/元</td></tr>
<tr><td colspan="5"></td><td></td><td></td><td></td><td></td><td></td><td></td></tr>
<tr><td colspan="5"></td><td></td><td></td><td></td><td></td><td></td><td></td></tr>
<tr><td colspan="5"></td><td></td><td></td><td></td><td></td><td></td><td></td></tr>
<tr><td colspan="7">其他材料费</td><td></td><td></td><td></td><td></td></tr>
<tr><td colspan="7">材料费小计</td><td></td><td></td><td></td><td></td></tr>
</table>

注：1. 如不使用省级或行业建设主管部门发布的计价依据，可不填定额项目、编号等。

2. 招标文件提供了暂估单价的材料，按暂估的单价填入表内“暂估单价”栏及“暂估合价”栏。

6. 措施项目清单与计价表（一）（见表 4-15）

表 4-15　措施项目清单与计价表（一）

工程名称：　　　　　　　　　　　　标段：　　　　　　　　　　　　　　　　　第　页　共　页

序号	项 目 名 称	计 算 基 础	费率(%)	金额/元
1	安全文明施工费			
2	夜间施工费			
3	二次搬运费			
4	冬雨期施工			
5				
6				
合　计				

注：1. 本表适用于以“项”计价的措施项目。

2. 根据原建设部、财政部发布的《建筑安装工程费用组成》（建标［2003］206 号）的规定，“计算基础”可为“直接费”、“人工费”或“人工费＋机械费”。

7. 措施项目清单与计价表（二）（见表4-16）

表4-16 措施项目清单与计价表（二）

工程名称： 标段： 第 页共 页

序 号	项目编码	项目名称	项目特征	计量单位	工 程 量	金额/元	
						综合单价	合价
1							
2							
	本页小计						
	合 计						

注：1. 本表适用于以综合单价形式计价的措施项目。

8. 其他项目清单与计价汇总表（见表4-17）

表4-17 其他项目清单与计价汇总表

工程名称： 标段： 第 页共 页

序 号	项目名称	计量单位	金额(元)	备 注
1	暂列金额	项		明细见表-12-1
2	暂估价			
2.1	材料暂估价			明细见表-12-2
2.2	专业工程暂估价			明细见表-12-3
3	计日工			明细见表-12-4
4	总承包服务费			明细见表-12-5
5				
合 计				

注：材料暂估单价进入清单项目综合单价，此处不汇总。

9. 暂列金额明细表（见表4-18）

表4-18 暂列金额明细表

工程名称： 标段： 第 页共 页

序 号	项目名称	计量单位	暂定金额/元	备 注
1				
2				
3				
4				
5				
6				
7				
合 计				

注：此表由招标人填写，也可只列暂定金额总额，投标人应将上述暂列金额计入投标总价中。

10. 材料暂估单价表（见表4-19）

表4-19 材料暂估单价表

工程名称：　　　　　　　　　　　　标段：　　　　　　　　　　　　第　页共　页

序号	材料名称、规格、型号	计量单位	单价/元	备注
1				

注：1. 此表由招标人填写，并在备注栏说明暂估价的材料拟用在哪些清单项目上，投标人应将上述材料暂估单价计入工程量清单综合单价报价中。

2. 材料包括原材料、燃料、构配件以及按规定应计入建筑安装工程造价的设备。

11. 专业工程暂估价表（见表4-20）

表4-20 专业工程暂估价表

工程名称：　　　　　　　　　　　　标段：　　　　　　　　　　　　第　页共　页

序号	工程名称	工程内容	金额/元	备注
1				

注：此表由招标人填写，投标人应将上述专业工程暂估价计入投标总价中。

12. 计日工表（见表4-21）

表4-21 计日工表

工程名称：　　　　　　　　　　　　标段：　　　　　　　　　　　　第　页共　页

编号	项目名称	单位	暂定数量	综合单价/元	合价/元
一	人工				
1					
2					
	人工小计				
二	材料				
1					
2					
3					
	材料小计				
三	施工机械				
1					
2					
3					
	施工机械小计				
	合计				

注：此表项目名称、数量由招标人填写，编制招标控制价时，单价由招标人按有关计价规定确定；投标时，单价由投标人自助报价，计入投标总价中。

13. 总承包服务费计价表（见表4-22）

表4-22　总承包服务费计价表

工程名称：　　　　　　　　　　　　　标段：　　　　　　　　　　　　　第　页共　页

序　号	工程名称	项目价值/元	服务内容	费率(%)	金额/元
1					
合　计					

注：此表由招标人填写，投标人应将上述专业工程暂估价计入投标总价中。

14. 规费、税金项目清单与计价表（见表4-23）

表4-23　规费、税金项目清单与计价表

工程名称：　　　　　　　　　　　　　标段：　　　　　　　　　　　　　第　页共　页

序　号	项目名称	计算基础	费率(%)	金额/元
1	规费			
1.1	工程排污费			
1.2	社会保障费			
(1)	养老保险费			
(2)	失业保险费			
(3)	医疗保险费			
(4)	工伤保险费			
1.3	住房公积金			
1.4	危险作业意外伤害保险			
1.5	工程定额测定费			
2	税金			
合　计				

注：根据原建设部、财政部发布的《建筑安装工程费用组成》（建标［2003］206号）的规定，“计算基础”可为“直接费”、“人工费”或“人工费+机械费”。

4.4　建筑装饰装修工程工程量清单报价编制

4.4.1　建筑装饰装修工程量清单项目的组合

根据计价规范规定，工程量清单包括分部分项工程量清单、措施项目清单、其他项目清单、规费项目清单、税金项目清单。在计价中，分部分项工程量清单和措施项目清单中可以计算工程量的项目，需结合清单项目的项目特征和工程内容，确定清单项目的组价内容。

1. 分部分项工程量清单项目的组合

（1）原理。分部分项工程量清单是反映拟建工程实体项目完成情况的清单。在工程量清单计价中，分部分项工程量清单项目不是单纯按项目名称来理解的项目，而是给它赋予了综合的工程内容和一定的项目特征。要对分部分项工程项目计价必须根据该分部分项工程项目清单中每一个清单项目的工程内容和项目特征结合施工图样和招标文件，对每一个清单项目进行分解，确定组成该清单项目的若干计价内容，该清单项目的每一项计价内容就是该清单项目的一项计价子项目，这些计价子项目中有一项就是该清单项目计价的主体项目，其他的是该清单项目计价的辅助项目。这些计价子项目的工程内容组合构成了相应清单项目的工程内容，从而各计价主体项目和辅助项目构成了该清单项目的组价内容。

在工程量清单中，清单编制人对各清单项目的项目特征和工程内容都依据计价规范规定做了相应的描述，计价人必须把每一个清单项目规定的计算规则和清单项目综合的工程内容结合起来，根据工程内容对工程量清单项目进行分解，确定组成该清单的主体项目和辅助项目，在计价时进行组合，才能准确全面地计算该清单项目的费用。

（2）实例

问题：以《建设工程工程量清单计价规范》（GB 50500—2008）中装饰装修工程工程量清单项目及计算规则和《山西省装饰装修工程消耗量定额》（2005）为例，列表表示出“整体面层中水泥砂浆楼地面”、“木门中的镶板木门、实木装饰门”和“块料面层中的石材楼地面”四个清单项目，反映这几个清单项目的项目编码、项目名称、项目特征、工程量计算规则、工程内容、以及可能组合的定额项目名称。

解答：见表 4-24 ~ 表 4-26。

表 4-24　整体面层

项目编码	项目名称	项目特征	计量单位	工程量计算规则	工程内容	可能组合的定额项目名称
020101001	水泥砂浆楼地面	1. 垫层材料种类、厚度 2. 找平层厚度、砂浆配合比 3. 防水层厚度、材料种类 4. 面层厚度、砂浆配合比	m^2	按设计图示尺寸以面积计算。扣除凸出地面构筑物、设备基础、室内铁道、地沟等所占面积，不扣除间壁墙和 $0.3m^2$ 以内的柱、垛、附墙烟囱及孔洞所占面积。门洞、空圈、暖气包槽、壁龛的开口部分不增加面积	1. 基层处理 2. 垫层铺设	垫层
					抹找平层	找平层
					防水层铺设	防水层
					1. 抹面层 2. 材料运输	水泥砂浆

表 4-25　木门

项目编码	项目名称	项目特征	计量单位	工程量计算规则	工程内容	可能组合的定额项目名称
020401001	镶板木门	1. 门类型 2. 框截面尺寸、单扇面积 3. 骨架材料种类 4. 面层材料品种、规格、品牌、颜色 5. 玻璃品种、厚度、五金材料、品种、规格 6. 防护层材料种类 7. 油漆品种、刷漆遍数	樘/m^2	按设计图示数量计算	1. 门制作、运输、安装 2. 五金玻璃安装 3. 刷防护材料、油漆	镶板门
						木门窗运输
						油漆

（续）

项目编码	项目名称	项目特征	计量单位	工程量计算规则	工程内容	可能组合的定额项目名称
020401003	实木装饰门	1. 门类型 2. 框截面尺寸、单扇面积 3. 骨架材料种类 4. 面层材料品种、规格、品牌、颜色 5. 玻璃品种、厚度、五金材料、品种、规格 6. 防护层材料种类 7. 油漆品种、刷漆遍数	樘/m^2	按设计图示数量计算	1. 门制作、运输、安装 2. 五金玻璃安装 3. 刷防护材料、油漆	实木装饰门扇
						木门窗运输
						油漆

表 4-26　块料面层

项目编码	项目名称	项目特征	计量单位	工程量计算规则	工程内容	可能组合的定额项目名称
020102001	石材楼地面	1. 垫层材料种类、厚度 2. 找平层厚度、砂浆配合比 3. 防水层厚度、材料种类 4. 填充材料种类、厚度 5. 结合层厚度、砂浆配合比 6. 面层材料品种、规格、品牌、颜色 7. 嵌缝材料种类 8. 防护层材料种类 9. 酸洗、打蜡要求	m^2	按设计图示尺寸以面积计算。扣除凸出地面构筑物、设备基础、室内铁道、地沟等所占面积，不扣除间壁墙和 $0.3m^2$ 以内的柱、垛、附墙烟囱及孔洞所占面积。门洞、空圈、暖气包槽、壁龛的开口部分不增加面积	基层清理、铺设垫层、抹找平层	垫层
						找平层
					防水层铺设、填充层	防水层
					1. 面层铺设 2. 嵌缝 3. 材料运输	大理石、花岗岩、预制水磨石面层
					酸洗、打蜡	酸洗、打蜡
					刷防护材料	刷防护材料

从表 4-24 ~ 表 4-26 中可以看出“整体面层中水泥砂浆楼地面”可能组合的定额项目有垫层、找平层、防水层、面层；“木门中的镶板木门、实木装饰门”可能组合的定额项目有镶板门制作、木门窗运输、油漆和实木装饰门扇制作、木门窗运输、油漆；“块料面层中的石材楼地面”可能组合的定额项目有垫层、找平层、防水层、面层、酸洗、打蜡、刷防护材料。

2. 措施清单的项目组合

措施项目是指为完成工程项目施工，发生于该工程施工准备和施工过程中的技术、生活、安全、环境保护等方面的非工程实体项目。

措施项目清单应根据拟建工程的施工组织设计进行确定，可以计算工程量的措施项目，比如混凝土、钢筋混凝土模板及支架应按分部分项工程量清单的方式进行定额项目组合，采用综合单价计价；其余的措施项目可以“项”为单位的方式计价，应包括除规费、税金外的全部费用。

4.4.2 建筑装饰装修工程量清单项目综合单价组价

1. 原理

(1) 综合单价的概念。工程量清单计价采用综合单价计价。综合单价是完成一个规定计量单位的分部分项工程量清单项目或措施清单项目所需的人工费、材料费、施工机械使用费和企业管理费与利润，以及一定范围内的风险费用。综合单价包括了除规费和税金以外的全部费用。综合单价是由投标人根据自身情况确定的，各投标人综合单价的差异正是工程量清单计价模式的突出特点。

(2) 综合单价的计算。一个清单项目的综合单价是由组成该清单项目的工程内容决定的，组成该清单项目的组价子目的人工费、材料费、施工机械使用费和企业管理费与利润，以及一定范围内的风险费用组成了该清单项目综合单价的费用。

组价子目的单价可以用本企业定额；也可以用建设行政主管部门颁发的消耗量定额，甚至可以根据本企业的技术水平调整消耗量定额的消耗量来计价。目前，我国各地的大部分施工企业都没有制定出企业定额，而是参考当地建设行政主管部门颁发的消耗量定额进行综合单价的编制。

如采用建设行政主管部门颁发的消耗量定额分析综合单价的，则应按照定额的计量单位，选套相应定额子目，计算出各清单项目计价的主体项目及其组合的辅助项目的人工费、材料费、机械使用费、企业管理费和利润，汇总为清单项目费合价，再除以清单项目的工程量得出综合单价，填入工程量清单综合单价分析表。综合单价是投标报价和调价以及竣工结算的主要依据。

2. 实例

(1) 资料及问题。某装饰装修工程石材楼地面招标人给出的工程量清单见表4-27，根据项目特征，分析投标人组价的内容，并计算石材楼地面清单项目的综合单价。

本例假设材料的检验试验费为材料费的0.2%，不考虑动态调整和风险费，装饰装修工程企业管理费按直接工程费的6%计算，利润按直接工程费与企业管理费之和的6.5%计算。组价套用《山西省2005年装饰装修工程消耗量定额价目汇总表》。

表4-27 分部分项工程量清单

工程名称：某装饰工程　　　　第1页　共1页

序号	项目编码	项目名称	项目特征描述	计量单位	工程量	金额/元		
						综合单价	合价	其中暂估费
1	020102001001	石材楼地面	1. 面层形式、材料种类、规格:600mm×600mm济南青花岗岩饰面板面层 2. 找平层材料种类:C20细石混凝土40mm厚 3. 结合层材料种类:1:4水泥砂浆 4. 酸洗打蜡要求:面层酸洗、打蜡	m^2	46.79			

（2）解答。包括石材楼地面组价内容的确定和综合单价的计算，以及工程量清单综合单价分析表的填写。

1）石材楼地面组价内容的确定。虽然在计价规范附录 B 中石材楼地面规定了七项工程内容，但在本题所给项目中并没有全部发生，根据计价规范附录 B 和题中所给项目的特征、《山西省装饰装修工程消耗量定额》（2005）的项目内容，知本题中石材楼地面项目对应的计价定额项目有：C20 细石混凝土 40mm 厚找平层、600mm × 600mm 济南青花岗岩饰面板面层、面层酸洗、打蜡。其中 600mm × 600mm 济南青花岗岩饰面板面层是计价的主体项目，其余两项为辅助项目。

2）计算组价内容的工程量。清单项目组价内容工程量应按照组价定额规定的工程量计算规则和计量单位计算。计算组价内容的工程量时，要注意计价规范附录中规定的计算规则是否与组价定额计算规则相同。

① 600mm × 600mm 济南青花岗岩饰面板面层工程量 = 46.79m^2

② C20 细石混凝土 40mm 厚找平层工程量 = 46.79m^2

③ 面层酸洗、打蜡工程量 = 实际酸洗打蜡面积 = 46.79m^2

3）清单项目计价。套用《山西省 2005 年装饰装修工程消耗量定额价目汇总表》。

① 每 100m^2 600mm × 600mm 济南青花岗岩饰面板面层 1:4 水泥砂浆粘贴：B1-42。

人工费：928.80 × (46.79 ÷ 46.79) 元 = 928.80元

材料费：8979.48 × 1.002 × (46.79 ÷ 46.79) 元 = 8997.44元

机械费：0 元

直接工程费：9926.24 元

企业管理费：9926.24 × 6% 元 = 595.57 元

利润：（9926.24 + 595.57）× 6.5% 元 = 683.92元

② 每 100m^2 600mm × 600mm 济南青花岗岩饰面板的 C20 细石混凝土 40mm 厚找平层：A10-21 + 2A10-22。

人工费：（240.75 + 2 × 39.50）×（46.79 ÷ 46.79）元 = 319.75元

材料费：（505.49 + 2 × 78）×（46.79 ÷ 46.79）× 1.002元 = 662.81元

机械费：（37.18 + 2 × 5.73）×（46.79 ÷ 46.79）元 = 48.64元

直接工程费：1031.2 元

企业管理费：1031.2 × 6% 元 = 61.87 元

利润：（1031.2 + 61.87）× 6.5% 元 = 71.05元

③ 每 100$m^2$600mm × 600mm 济南青花岗岩饰面板的面层酸洗、打蜡：B1-98。

人工费：144 × (46.79 ÷ 46.79) 元 = 144元

材料费：61.33 × (46.79 ÷ 46.79) × 1.002元 = 61.45元

机械费：0 元

直接工程费：205.45 元

企业管理费：205.45 × 6% 元 = 12.33 元

利润：（205.45 + 12.33）× 6.5% 元 = 14.16元

3. 确定综合单价

填写分部分项工程量清单综合单价分析表，组成综合单价，由表 4-28 可以看出，石材楼地面清单项目的综合单价为126.01元/m^2。

表4-28 工程量清单综合单价分析表

工程名称： 标段： 第1页 共1页

项目编码	020102001001			项目名称		石材楼地面		计量单位		m²	
清单综合单价组成明细											
定额编号	定额名称	定额单位	数量	单价/元				合价/元			
				人工费	材料费	机械费	管理费和利润	人工费	材料费	机械费	管理费和利润
B1-42	花岗岩楼地面	100m²	0.01	928.80	8997.44	0	1279.49	9.29	89.97	0	12.79
A10-21+2A10-22	C20细石混凝土找平层	100m²	0.01	319.75	662.82	48.64	132.92	3.20	6.63	0.49	1.33
B1-98	楼地面石材面层酸洗打蜡	100m³	0.01	144.00	61.45	0	26.49	1.44	0.61	0	0.26
人工单价		小计						13.93	97.21	0.49	14.38
30元/工日		未计价材料费									
清单项目综合单价								126.01			

材料费明细	主要材料名称、规格、型号	单位	数量	单价/元	合价（元）	暂估单价（元）	暂估合价（元）
	济南青花岗岩饰面板600mm×600mm×20mm	m²	1.06	80.12	84.93		
	其他材料费						
	未计价材料费小计						

注：1. 如不使用省级或行业建设主管部门发布的计价依据，可不填定额项目、编号等。

2. 招标文件提供了暂估单价的材料，按暂估的单价填入表内“暂估单价”栏及“暂估合价”栏。

4.4.3 建筑装饰装修工程量清单报价编制实例

按照建设工程工程量清单计价规范（GB 50500—2008），工程量清单计价适用于招标控制价、投标价、竣工结算价等工程造价计价，以下以投标价为例介绍工程量清单报价编制。

1. 资料说明

某市光明小区住宅楼，砖砌体结构六层，三个单元，一梯两户，共36户，户型都相同，每户建筑面积为103.99m^2，其内装修图样及工程做法详见附图（图4-3～图4-7）及表4-44。

2. 要求

根据招标文件提供的工程量清单（参见投标文件），用工程量清单计价法编制施工图所示标准层一户的投标报价。组价定额采用《山西省装饰装修工程消耗量定额》（2005）及其价目汇总表、《山西省建设工程费用定额》（2005），其中费率按专业承包计取；规费按费用定额规定的上限费率计取；施工技术措施费只考虑满堂脚手架；不考虑材料检验试验费、动态调整、风险费用。

3. 实例编制（投标报价，见表4-29～表4-43）

表4-29 封面

投 标 总 价

招 标 人：××房地产开发公司

工程名称：光明小区住宅楼家装工程

投标总价（小写）：39476.35 元

（大写）：叁万玖仟肆佰柒拾陆元叁角伍分

投 标 人：×××装饰公司

（单位盖章）

法定代表人

或其授权人：×××

（签字或盖章）

编 制 人：×××

（造价人员签字盖专用章）

编制时间： ××年 ××月 ××日

表4-30 总说明

工程名称：光明小区住宅楼家装工程　　　　第1页　共1页

1. 工程概况：本工程为某市光明小区住宅楼标准层一户的家装工程，砖砌体结构，户建筑面积为103.99m^2。

2. 投标报价包括范围：为本次招标的施工图所示标准层一户的装饰预算，且不含灯饰、厨具、卫生洁具部分。

3. 投标报价编制依据：

(1)招标文件及其所提供的工程量清单和有关报价的要求，招标文件的补充通知和答疑纪要。

(2)国家《建设工程工程量清单计价规范》(GB 50500—2008)。

(3)本工程施工图样及投标施工组织设计。

(4)有关的技术标准、规范和安全规定等。

(5)组价定额采用《山西省装饰装修工程消耗量定额》(2005)及其价目汇总表。

(6)取费依据《山西省建设工程费用定额》(2005)规定，其中费率按专业承包计取、规费按费用定额规定的上限费率计取，未计取工程排污费。

(7)施工技术措施费只考虑满堂脚手架。

(8)未计取材料检验试验费。

表-01

表4-31 单项工程投标报价汇总表

工程名称：光明小区住宅楼家装工程　　　　第1页　共1页

序号	单位工程名称	金额/元	其中		
			暂估价/元	安全文明施工费/元	规费/元
1	光明小区住宅楼家装工程	39476.35	1500	567.87	2459.37
合计		39476.35			

注：本表适用于单项工程招标控制价或投标报价的汇总。暂估价包括分部分项工程中的暂估价和专业工程暂估价。

表-03

表 4-32　单位工程投标报价汇总表

工程名称：光明小区住宅楼家装工程　　　　标段：　　　　第 1 页　共 1 页

序　号	汇 总 内 容	金额/元	其中暂估价/元
1	分部分项工程	30526. 26	
1. 1	B. 1　楼地面工程	7891. 85	
1. 2	B. 2　墙、柱面工程	2765. 97	
1. 3	B. 3　顶棚工程	3861. 22	
1. 4	B. 4　门窗工程	11460. 2	1500
1. 5	B. 5　油漆、涂料、裱糊工程	2634. 39	
1. 6	B. 6　其他工程	1912. 63	
2	措施项目	1588. 97	
2. 1	安全文明施工费	567. 87	
3	其他项目	3600	
3. 1	暂列金额	3600	
3. 2	计日工		
3. 3	总承包服务费		
4	规费	2459. 37	
5	税金	1301. 75	
合　计		39476. 35	

注：本表适用于单位工程招标控制价或投标报价的汇总，如无单位工程划分，单项工程也使用本表汇总。

表-04

表 4-33　分部分项工程量清单与计价表

工程名称：光明小区住宅楼家装工程　　　　标段：　　　　第 1 页　共 5 页

序号	项目编码	项目名称	项　目　特　征	计量单位	工程量	金额/元		
						综合单价	合价	其中暂估价
			B.1　楼地面工程					
1	020102001001	石材楼地面	20 厚 600mm×600mm 花岗岩楼面、铺实拍平、白水泥擦缝 酸洗打蜡、30mm 厚 1:4 水泥砂浆结合层、素水泥浆一道（内掺建筑胶）	m^2	34.6	111.85	3870.01	
2	020102002001	块料楼地面	600mm×600mm 抛光瓷砖楼面、白水泥擦缝、1:4 水泥砂浆结合层 20mm 厚、素水泥浆一道（内掺建筑胶）	m^2	8.5	58.20	494.70	
3	020102002002	块料楼地面	300mm×300mm 防滑地砖、楼面铺实拍平、白水泥擦缝、1:2.5 水泥砂浆结合层 20mm 厚、3 厚聚氨酯防水涂料、面撒黄砂、四周沿墙上翻 150 高、刷基层处理剂一遍、1:3 水泥砂浆找平层 20mm、50mm 厚 C15 细石混凝土找坡不小于 0.5%，最薄处不小于 30mm 厚	m^2	5.3	121.59	644.43	
4	020104002001	竹木地板	8mm 厚复合强化木地板、2mm 厚聚乙烯泡沫塑料垫、建筑胶水泥腻子刮平、1:3 水泥砂浆找平层 30mm 厚、素水泥浆一道（内掺建筑胶）	m^2	29.1	93.77	2728.71	
5	020105006001	木质踢脚线	120mm 实木踢脚线地板胶粘贴底层为抹灰面	m^2	5.5	28.00	154.00	

表-08

分部分项工程量清单与计价表

工程名称：光明小区住宅楼家装工程　　　　标段：　　　　第2页　共5页

序号	项目编码	项目名称	项目特征	计量单位	工程量	金额/元		
						综合单价	合价	其中暂估价
			分部小计				7891.85	
			B.2　墙、柱面工程					
6	020201001001	墙面一般抹灰	2mm厚纸筋灰抹面、6mm厚1:3石灰膏砂浆、10mm厚1:3:9水泥石灰膏砂浆打底、刷建筑胶素水泥浆一遍配合比为建筑胶:水=1:4	m^2	111.8	6.56	733.41	
7	020204003001	块料墙面	5mm厚200mm×300mm白瓷砖墙面、白水泥擦缝、1:3水泥砂浆结合层、1:0.2:2水泥石灰膏砂浆找平、素水泥浆(内掺建筑胶)、12mm厚1:3:9水泥石灰膏砂浆打底	m^2	50.7	40.09	2032.56	
			分部小计				2765.97	
			B.3　顶棚工程					
8	020301001001	顶棚抹灰	5mm厚1:2.5水泥砂浆抹面、5mm厚1:3水泥砂浆打底、刷素水泥浆一道(内掺建筑胶)、钢筋混凝土板底面清理干净	m^2	45.5	8.04	365.82	
9	020302001001	顶棚吊顶	纸面石膏板安装在轻钢龙骨上(平面型)、轻钢龙骨直线形造形线条、不上人型装配式U形轻钢龙骨顶棚，450mm×450mm	m^2	23.3	65.5	1526.15	
10	020302001002	顶棚吊顶	铝塑板吊顶面层、万能胶粘贴在基层板上(平面型)、3厚胶合板安装在轻钢龙骨上(平面型)、不上人型装配式U形轻钢龙骨吊顶，300mm×300mm	m^2	12.6	156.29	1969.25	

表-08

分部分项工程量清单与计价表

工程名称：光明小区住宅楼家装工程　　　　标段：　　　　第 3 页　共 5 页

序号	项目编码	项目名称	项目特征	计量单位	工程量	金额/元		
						综合单价	合价	其中暂估价
			分部小计				3861.22	
		B.4	门窗工程					
11	020401005001	夹板装饰门 M-1	木龙骨胶合板面层、门扇：小玻造型门、木龙骨 5mm 厚、胶合板 5mm 厚、平板玻璃椴木阴角线条 25mm×25mm、椴木平面装饰线 50mm×10mm	樘	3	201.02	603.06	
12	020401005002	夹板装饰门 M-2	木龙骨胶合板面层、门扇：小玻造型门、木龙骨 5mm 厚、胶合板 5mm 厚、平板玻璃椴木阴角线条 25mm×25mm、椴木平面装饰线 50mm×10mm	樘	1	193.19	193.19	
13	020401005003	夹板装饰门 M-3	木龙骨胶合板面层、门扇：小玻造型门、木龙骨 5mm 厚胶合板 5mm 厚平板玻璃椴木阴角线条 25mm×25mm 椴木平面装饰线 50mm×10mm	樘	1	180.44	180.44	
14	020401005004	夹板装饰门 M-5	木龙骨胶合板面层、门扇：小玻造型门、木龙骨 5mm 厚胶合板 5mm 厚平板玻璃椴木阴角线条 25mm×25mm 椴木平面装饰线 50mm×10mm	樘	1	221.64	221.64	
15	020402006001	防盗门 M-6	成品、名牌	樘	1	2348.28	2348.28	1500
16	020402002001	金属推拉门 M-4	90 系列双扇铝合金、5mm 白玻璃	樘	1	694.88	694.88	
17	020406007001	塑钢窗 C-1	75 系列塑钢推拉窗、50 亮子、5mm 白玻璃	樘	2	631.82	1263.64	

表-08

分部分项工程量清单与计价表

工程名称：光明小区住宅楼家装工程　　　　标段：　　　　第 4 页　共 5 页

序号	项目编码	项目名称	项目特征	计量单位	工程量	金额/元		
						综合单价	合价	其中暂估价
18	020406007002	塑钢窗 C-2	75 系列塑钢推拉窗、50 亮子、5mm 白玻璃	樘	1	1010.90	1010.90	
19	020406007003	塑钢窗 C-4	75 系列塑钢推拉窗、50 亮子、5mm 白玻璃	樘	1	421.22	421.22	
20	020406007004	塑钢窗(阳台)	75 系列塑钢推拉窗、50 亮子、5mm 白玻璃	樘	1	2433.66	2433.66	
21	020407001001	木门套	18mm 厚胶合板基层、无门框带止口、柚木饰面板面层	m^2	8.77	132.60	1162.90	
22	020407001002	木窗套	松木板基层板安装在墙面、柚木饰面板面层	m^2	5	81.60	408.00	
23	020408001001	木窗帘盒	18mm 厚胶合板制作、每边宽出窗户 600mm、高 200mm	m	3.6	27.91	100.48	
24	020408001002	木窗帘帷幕板	木龙骨水曲柳面层(板厚 20mm 以内)、高 200mm	m	10.2	7.27	74.15	
25	020408004001	窗帘轨	不锈钢窗帘轨、双轨	m	13.8	24.91	343.76	
			分部小计				11460.2	1500
		B.5 油漆、涂料、裱糊工程						
26	020501001001	门油漆 M-1	刮腻子、磨砂纸、底漆一遍、聚酯清漆二遍、抛光打蜡	樘	3	84.58	253.74	
27	020501001002	门油漆 M-2	刮腻子、磨砂纸、底漆一遍、聚酯清漆二遍、抛光打蜡	樘	1	80.98	80.98	
28	020501001003	门油漆 M-3	刮腻子、磨砂纸、底漆一遍、聚酯清漆二遍、抛光打蜡	樘	1	75.18	75.18	
29	020501001004	门油漆 M-4	刮腻子、磨砂纸、底漆一遍、聚酯清漆二遍、抛光打蜡	樘	1	93.99	93.99	

表-08

分部分项工程量清单与计价表

工程名称：光明小区住宅楼家装工程　　　　标段：　　　　第5页　共5页

序号	项目编码	项目名称	项目特征	计量单位	工程量	金额/元		
						综合单价	合价	其中暂估价
30	020503002001	窗帘盒、窗帘帷幕板油漆	刮腻子、磨砂纸、底漆一遍、聚酯清漆二遍、抛光打蜡	m	13.8	6.63	91.49	
31	020504003001	门套油漆	刮腻子、磨砂纸、底漆一遍、聚酯清漆二遍、抛光打蜡	m^2	8.77	25.72	225.56	
32	020504003002	窗套油漆	刮腻子、磨砂纸、底漆一遍、聚酯清漆二遍、抛光打蜡	m^2	5	25.72	128.60	
33	020504003003	踢脚线油漆	刮腻子、磨砂纸、底漆一遍、聚酯清漆二遍、抛光打蜡	m^2	5.5	25.72	141.46	
34	020506001001	抹灰面油漆内墙	抹灰面清扫，满刮腻子，打磨，刷（喷）内墙乳胶漆三遍、	m^2	111.8	5.72	639.50	
35	020506001002	抹灰面油漆顶棚	抹灰面清扫，满刮腻子，打磨，刷（喷）白色乳胶漆、	m^2	45.5	5.72	260.26	
36	020503005001	单独木线油漆（门窗贴脸、顶角线）	刮腻子、磨砂纸、底漆一遍、聚酯清漆二遍、抛光打蜡	m	112.72	5.71	643.63	
			分部小计				2634.39	
			B.6 其他工程					
37	020604002001	木质装饰线（顶角线）	宽度80mm以内红榉木顶角线条	m	44.12	15.27	673.71	
38	020604002002	木质装饰线（门窗贴脸）	宽度60mm红榉木平面装饰线条	m	68.6	18.06	1238.92	
			分部小计				1912.63	
		合计					30526.26	1500

表-08

表 4-34　措施项目清单与计价表（一）

工程名称：光明小区住宅楼家装工程　　　　标段：　　　　第 1 页　共 1 页

序号	项 目 名 称	计 算 基 础	费率(%)	金额/元
1	安全文明施工费	直接工程费(27041.64)	2.1	567.87
2	夜间施工费	直接工程费(27041.64)	0.15	40.56
3	二次搬运费	直接工程费(27041.64)	0.26	70.31
4	冬、雨期施工	直接工程费(27041.64)	0.28	75.72
5	生产工具用具使用费	直接工程费(27041.64)	0.55	148.73
6	室内环境污染物检测费	直接工程费(27041.64)	0.48	129.80
7	工程定位复测工程点交场地清理费	直接工程费(27041.64)	0.01	2.70
8	满堂脚手架费			553.28
合 计				1588.97

注：1. 本表适用于以“项”计价的措施项目。

2. 根据原建设部、财政部发布的《建筑安装工程费用组成》（建标［2003］206 号）的规定，“计算基础”可为“直接费”、“人工费”或“人工费＋机械费”。

表-10

表 4-35　措施项目清单与计价表（二）

工程名称：光明小区住宅楼家装工程　　　　标段：　　　　第 1 页　共 1 页

序号	项目编码	项目名称	项目特征	计量单位	工程量	金额/元	
						综合单价	合价
1	BB001	满堂脚手架费	钢管脚手架、满堂	m^2	77.5	7.14	553.28
2							
本页小计							553.28
合 计							553.28

注：本表适用于以综合单价形式计价的措施项目。

表-11

表 4-36　其他项目清单与计价汇总表

工程名称：光明小区住宅楼家装工程　　　　标段：　　　　第 1 页　共 1 页

序号	项 目 名 称	计量单位	金额/元	备 注
1	暂列金额	项	3600	明细见表-12-1
2	暂估价		1500	
2.1	材料暂估价		1500	明细见表-12-2
2.2	专业工程暂估价		—	
3	计日工		—	
4	总承包服务费		—	
5				
合 计			6600	

注：材料暂估单价进入清单项目综合单价，此处不汇总。

表-12

表 4-37　暂列金额明细表

工程名称：光明小区住宅楼家装工程　　　　　　标段：　　　　　　　　第 1 页　共 1 页

序号	项　目　名　称	计量单位	暂定金额/元	备　注
1	工程量清单中工程量偏差和设计变更	项	2500	
2	合同约定的政策性调整和材料价格风险	项	1100	
3				
4				
5				
6				
7				
合　计			3600	—

注：此表由招标人填写，也可只列暂定金额总额，投标人应将上述暂列金额计入投标总价中。

表-12-1

表 4-38　材料暂估单价表

工程名称：光明小区住宅楼家装工程　　　　　　标段：　　　　　　　　第 1 页　共 1 页

序号	材料名称、规格、型号	计量单位	单价/元	备　注
1	入户防盗门(国内名牌)	樘	1500	成品

注：1. 此表由招标人填写，并在备注栏说明暂估价的材料拟用在哪些清单项目上，投标人应将上述材料暂估单价计入工程量清单综合单价报价中。

2. 材料包括原材料、燃料、构配件以及按规定应计入建筑安装工程造价的设备。

表-12-2

表 4-39　专业工程暂估价表

工程名称：光明小区住宅楼家装工程　　　　　　标段：　　　　　　　　第 1 页　共 1 页

序号	工　程　名　称	工程内容	金额/元	备　注
1				

注：此表由招标人填写，投标人应将上述专业工程暂估价计入投标总价中。

表-12-3

表 4-40　计日工表

工程名称：光明小区住宅楼家装工程　　标段：　　第 1 页　共 1 页

编号	项 目 名 称	单　位	暂定数量	综合单价/元	合价/元
一	人工				
1					
2					
人 工 小 计					
二	材料				
1					
2					
3					
材 料 小 计					
三	施工机械				
1					
2					
3					
施工机械小计					
合　计					

注：此表项目名称、数量由招标人填写。编制招标控制价时，单价由招标人按有关计价规定确定；投标时，单价由投标人自助报价，计入投标总价中。

表-12-4

表 4-41　总承包服务费计价表

工程名称：光明小区住宅楼家装工程　　标段：　　第 1 页　共 1 页

序号	工 程 名 称	项目价值/元	服 务 内 容	费率(%)	金额/元
1					
合　计					

注：此表由招标人填写，投标人应将上述专业工程暂估价计入投标总价中。

表-12-5

表 4-42　规费、税金项目清单与计价表

工程名称：光明小区住宅楼家装工程　　标段：　　第 1 页　共 1 页

序号	项 目 名 称	计 算 基 础	费率(%)	金额/元
1	规费			2459.37
1.1	工程排污费	按工程所在地环保部门规定按实计算		—
1.2	社会保障费	1.2.1 + 1.2.2 + 1.2.3 + 1.2.4		1932.57
1.2.1	养老保险费	直接费(28630.61)	5.2	1488.79
1.2.2	失业保险费	直接费(28630.61)	0.3	85.89
1.2.3	医疗保险费	直接费(28630.61)	1.1	314.94
1.2.4	工伤保险费	直接费(28630.61)	0.15	42.95
1.3	住房公积金	直接费(28630.61)	1.5	429.46
1.4	危险作业意外伤害保险	直接费(28630.61)	0.20	57.26
1.5	工程定额测定费	直接费(28630.61)	0.14	40.08
2	税金	分部分项目工程费 + 措施项目费 + 其他项目费 + 规费 (30526.26 + 1588.97 + 3600 + 2459.37)	3.41	1301.75
合　计				3761.12

注：根据原建设部、财政部发布的《建筑安装工程费用组成》（建标［2003］206 号）的规定，“计算基础”可为“直接费”、“人工费”或“人工费 + 机械费”。

表-13

表 4-43　工程量清单综合单价分析表

工程名称：光明小区住宅楼家装工程　　　　标段：　　　　第 1 页　共 38 页

项目编码		020102001001		项目名称		石材楼地面				计量单位	m^2
清单综合单价组成明细											
定额编号	定额名称	定额单位	数量	单价				合价			
				人工费	材料费	机械费	管理费和利润	人工费	材料费	机械费	管理费和利润
B1-42	花岗岩、水泥砂浆粘贴、楼地面 30mm	$100m^2$	0.346	928.8	8979.48		1277.18	321.36	3106.9		441.91
B1-98	石材面层酸洗打蜡、楼地面	$100m^2$		144	61.33		26.47				
人工单价				小计				321.36	3106.9		441.91
综合工日 30 元/工日				未计价材料费							
清单项目综合单价								111.85			
材料费明细	主要材料名称、规格、型号					单位	数量	单价/元	合价/元	暂估单价/元	暂估合价/元
	工程用水					m^3	0.8304	4.9	4.07		
	花岗岩饰面板济南青 600mm×600mm×20mm					m^2	36.7037	79.96	2934.83		
	其他材料费							—	168.02	—	
	材料费小计							—	3106.91	—	

表-09

工程量清单综合单价分析表

工程名称：光明小区住宅楼家装工程　　　　标段：　　　　第 2 页　共 38 页

项目编码	020102002001		项目名称		块料楼地面					计量单位	m^2
清单综合单价组成明细											
定额编号	定额名称	定额单位	数量	单价				合价			
				人工费	材料费	机械费	管理费和利润	人工费	材料费	机械费	管理费和利润
B1-65	瓷砖，楼地面水泥砂浆粘贴，20mm，600mm×600mm 以下	$100m^2$	0.085	1164.3	3992.08		664.65	98.97	339.33		56.5
人工单价				小计				98.97	339.33		56.5
综合工日 30 元/工日				未计价材料费							
清单项目综合单价								58.2			
材料费明细	主要材料名称、规格、型号					单位	数量	单价/元	合价/元	暂估单价/元	暂估合价/元
	工程用水					m^3	0.221	4.9	1.08		
	磁质抛光地砖 600×600(mm)					m^2	9.0168	34.17	308.1		
	其他材料费							—	30.14	—	
	材料费小计							—	339.33	—	

表-09

工程量清单综合单价分析表

工程名称：光明小区住宅楼家装工程　　　　标段：　　　　第 3 页　共 38 页

项目编码		020102002002		项目名称		块料楼地面				计量单位	m^2
清单综合单价组成明细											
定额编号	定额名称	定额单位	数量	单价				合价			
				人工费	材料费	机械费	管理费和利润	人工费	材料费	机械费	管理费和利润
B1-71	瓷砖，水泥砂浆粘贴，零星项目 20mm	$100m^2$	0.053	2479.5	2131.47	19.64	596.89	131.41	112.97	1.04	31.64
A7-116	聚氨酯 3mm	$100m^2$	0.058	136.5	4292.5		570.9	7.92	248.97		33.11
A10-19	水泥砂浆找平，在混凝土或硬基层上 20mm	$100m^2$	0.053	235.5	333.33	18.04	75.65	12.48	17.67	0.96	4.01
A10-12	垫层，无筋混凝土	$10m^3$	0.021	348	1394.26	41.96	229.98	7.31	29.28	0.88	4.83
人工单价				小计				159.12	408.89	2.88	73.59
综合工日 25 元/工日；综合工日 30 元/工日				未计价材料费							
清单项目综合单价								121.59			
材料费明细	主要材料名称、规格、型号					单位	数量	单价(元)	合价(元)	暂估单价(元)	暂估合价(元)
	工程用水					m^3	0.3011	4.9	1.48		
	磁质防滑地砖 300mm×300mm					m^2	5.9593	14.81	88.26		
	聚氨酯甲料					kg	6.2431	15.2	94.9		
	聚氨酯乙料					kg	9.7678	15.2	148.47		
	中(粗)砂					m^3	0.018	33	0.59		
	其他材料费							—	75.22	—	
	材料费小计							—	408.91	—	

表-09

工程量清单综合单价分析表

工程名称：光明小区住宅楼家装工程　　　　标段：　　　　第 4 页　共 38 页

项目编码		020104002001		项目名称		竹木地板				计量单位	m^2
清单综合单价组成明细											
定额编号	定额名称	定额单位	数量	单价				合价			
				人工费	材料费	机械费	管理费和利润	人工费	材料费	机械费	管理费和利润
B1-145	铺复合木地板，地面上	$100m^2$	0.291	800.1	6714.5		968.64	232.83	1953.92		281.88
A10-19	水泥砂浆找平，在混凝土或硬基层上 20mm	$100m^2$	0.291	235.5	333.33	18.04	75.65	68.53	97	5.25	22.02
A10-20	水泥砂浆找平，每增减 5mm	$100m^2$	0.291	44	73.07	4.78	15.71	12.8	21.26	1.39	4.57
A10-20	水泥砂浆找平，每增减 5mm	$100m^2$	0.2	44	73.07	4.78	15.71	8.8	14.61	0.96	3.14
人工单价				小计				322.96	2086.79	7.6	311.61
综合工日 25 元/工日；综合工日 30 元/工日				未计价材料费							
清单项目综合单价								93.77			
材料费明细	主要材料名称、规格、型号					单位	数量	单价/元	合价/元	暂估单价/元	暂估合价/元
	工程用水					m^3	0.2735	4.9	1.34		
	地板胶					kg	0.9428	12.55	11.83		
	复合强化木地板					m^2	31.5735	61.51	1942.09		
	其他材料费							—	131.53	—	
	材料费小计							—	2086.79	—	

表-09

工程量清单综合单价分析表

工程名称：光明小区住宅楼家装工程　　　　标段：　　　　

项目编码		020105006001		项目名称		木质踢脚线				计量单位	m^2
清单综合单价组成明细											
定额编号	定额名称	定额单位	数量	单价				合价			
				人工费	材料费	机械费	管理费和利润	人工费	材料费	机械费	管理费和利润
B1-147	木质踢脚线，实木，踢脚线	$100m^2$	0.055	660	1820.25		319.71	36.3	100.11		17.59
人工单价				小计				36.3	100.11		17.59
综合工日 30 元/工日				未计价材料费							
清单项目综合单价								28			
材料费明细	主要材料名称、规格、型号					单位	数量	单价/元	合价/元	暂估单价/元	暂估合价/元
	硬木踢脚线 100mm×12mm					m^2	5.61	13.6	76.3		
	地板胶					kg	1.7325	12.55	21.74		
	安装锯材					m^3	0.0006	1170	0.7		
	其他材料费							—	1.37	—	
	材料费小计							—	100.11	—	

表-09

工程量清单综合单价分析表

工程名称：光明小区住宅楼家装工程　　　　标段：　　　　第 6 页　共 38 页

项目编码		020201001001		项目名称		墙面一般抹灰				计量单位	m^2
清单综合单价组成明细											
定额编号	定额名称	定额单位	数量	单价				合价			
				人工费	材料费	机械费	管理费和利润	人工费	材料费	机械费	管理费和利润
B2-5	石灰砂浆三遍，砖墙 10 + 6mm	$100m^2$	1.118	405.5	156.5	18.04	74.76	453.35	174.97	20.17	83.59
人工单价				小计				453.35	174.97	20.17	83.59
综合工日 25 元/工日				未计价材料费							
清单项目综合单价								6.56			
材料费明细	主要材料名称、规格、型号					单位	数量	单价/元	合价/元	暂估单价/元	暂估合价/元
	工程用水					m^3	0.6037	4.9	2.96		
	其他材料费							—	172	—	
	材料费小计							—	174.95	—	

表-09

工程量清单综合单价分析表

工程名称：光明小区住宅楼家装工程　　　　标段：　　　　第 7 页　共 38 页

项目编码		020204003001		项目名称		块料墙面				计量单位	m^2
清单综合单价组成明细											
定额编号	定额名称	定额单位	数量	单价				合价			
				人工费	材料费	机械费	管理费和利润	人工费	材料费	机械费	管理费和利润
B2-254	瓷砖 200mm×300mm，水泥砂浆粘贴，墙面、墙裙	$100m^2$	0.507	1333.5	1725.51	16.98	396.5	676.08	874.83	8.61	201.02
B2-58	混合砂浆打底 砖墙 12mm	$100m^2$	0.507	342.5	120.41	12.21	61.25	173.65	61.05	6.19	31.05
人工单价				小计				849.73	935.88	14.8	232.07
综合工日 25 元/工日；综合工日 30 元/工日				未计价材料费							
清单项目综合单价								40.09			
材料费明细	主要材料名称、规格、型号					单位	数量	单价/元	合价/元	暂估单价/元	暂估合价/元
	工程用水					m^3	0.6287	4.9	3.08		
	白磁砖 200mm×300mm 不带花					m^2	52.4745	13.33	699.49		
	107 胶					kg	1.1205	3.07	3.44		
	其他材料费							—	229.86	—	
	材料费小计							—	935.87	—	

表-09

工程量清单综合单价分析表

工程名称：光明小区住宅楼家装工程　　　　标段：　　　　第 8 页　共 38 页

项目编码	020301001001			项目名称		顶棚抹灰				计量单位	m^2
清单综合单价组成明细											
定额编号	定额名称	定额单位	数量	单价				合价			
				人工费	材料费	机械费	管理费和利润	人工费	材料费	机械费	管理费和利润
B3-11	混凝土面顶棚，水泥砂浆现浇 5 +5mm	$100m^2$	0.455	483.25	219.27	10.08	91.86	219.88	99.77	4.59	41.8
人工单价				小计				219.88	99.77	4.59	41.8
综合工日 25 元/工日				未计价材料费							
清单项目综合单价										8.04	
材料费明细	主要材料名称、规格、型号					单位	数量	单价/元	合价/元	暂估单价/元	暂估合价/元
	工程用水					m^3	0.1775	4.9	0.87		
	107 胶					kg	1.2558	3.07	3.86		
	其他材料费							—	95.04	—	
	材料费小计							—	99.77	—	

表-09

工程量清单综合单价分析表

工程名称：光明小区住宅楼家装工程　　　　标段：　　　　

项目编码		020302001001		项目名称		顶棚吊顶			计量单位		m^2
清单综合单价组成明细											
定额编号	定额名称	定额单位	数量	单价				合价			
				人工费	材料费	机械费	管理费和利润	人工费	材料费	机械费	管理费和利润
B3-48	装配式 U 型轻钢龙骨顶棚，不上人型 450mm×450mm	$100m^2$	0.233	551.4	3043.33		463.36	128.48	709.1		107.96
B3-96	在轻钢龙骨上安装基层板，平面型，纸面，石膏板	$100m^2$	0.245	268.8	1210.7		190.71	65.86	296.62		46.73
B3-55	轻钢龙骨造型线条，直线形	100m	0.079	162	1760.19		247.77	12.8	139.06		19.57
人工单价				小计				207.14	1144.78		174.26
综合工日 30 元/工日				未计价材料费							
清单项目综合单价								65.5			
材料费明细	主要材料名称、规格、型号					单位	数量	单价/元	合价/元	暂估单价/元	暂估合价/元
	轻钢吊顶大龙骨 U50mm×15mm×1.5mm					m	34.5329	6.08	209.96		
	轻钢吊顶中龙骨 U50mm×20mm×0.6mm					m	129.1749	3.07	396.57		
	轻钢吊顶大龙骨垂直吊挂件					个	39.213	0.86	33.72		
	轻钢吊顶中龙骨垂直吊挂件					个	63.143	0.51	32.2		
	轻钢吊顶龙骨挂插件					个	253.97	0.3	76.19		
	圆钢拉杆吊筋 8mm					kg	16.9052	2.89	48.86		
	纸面石膏板 9.5mm					m^2	25.725	10.25	263.68		
	其他材料费							—	83.58	—	
	材料费小计							—	1144.77	—	

表-09

工程量清单综合单价分析表

工程名称：光明小区住宅楼家装工程　　　标段：　　　第 10 页　共 38 页

项目编码		020302001002		项目名称		顶棚吊顶				计量单位	m^2
清单综合单价组成明细											
定额编号	定额名称	定额单位	数量	单价				合价			
				人工费	材料费	机械费	管理费和利润	人工费	材料费	机械费	管理费和利润
B3-47	装配式 U 形轻钢龙骨顶棚，不上人型 300mm×300mm	$100m^2$	0.126	600.9	3938.66		585.15	75.71	496.27		73.73
B3-93	在轻钢龙骨上安装基层板，平面型 3 厘板	$100m^2$	0.126	221.4	780.2		129.11	27.9	98.31		16.27
B3-109	在木基层板上贴装饰面板，平面型，铝塑板	$100m^2$	0.126	569.4	7733.01		1070.18	71.74	974.36		134.85
人工单价				小计				175.35	1568.94		224.85
综合工日 30 元/工日				未计价材料费							
清单项目综合单价								156.29			
材料费明细	主要材料名称、规格、型号					单位	数量	单价/元	合价/元	暂估单价/元	暂估合价/元
	轻钢吊顶大龙骨 U50mm×15mm×1.5mm					m	14.146	6.08	86.01		
	轻钢吊顶中龙骨 U50mm×20mm×0.6mm					m	83.4334	3.07	256.14		
	胶合板 3mm					m^2	13.23	6.15	81.36		
	铝塑板双面 4mm					m^2	13.86	67.18	931.11		
	其他材料费							—	214.32	—	
	材料费小计							—	1568.94	—	

表-09

工程量清单综合单价分析表

工程名称：光明小区住宅楼家装工程　　　　标段：　　　　

项目编码		020401005001		项目名称		夹板装饰门 M-1				计量单位	樘
清单综合单价组成明细											
定额编号	定额名称	定额单位	数量	单价				合价			
				人工费	材料费	机械费	管理费和利润	人工费	材料费	机械费	管理费和利润
B4-186	木门扇，木龙骨胶合板面层门扇，小玻造型门	100m^2	0.0567	3060	5400.26	225.99	1119.66	173.5	306.19	12.81	63.48
B4-442	开扇门，不带亮，单扇	樘	3		8.9		1.14		26.7		3.42
B4-412	执手锁	10 个	0.3	50.1			6.46	15.03			1.94
人工单价				小计				188.53	332.89	12.81	68.84
综合工日 30 元/工日				未计价材料费							
清单项目综合单价								201.02			

	主要材料名称、规格、型号	单位	数量	单价/元	合价/元	暂估单价/元	暂估合价/元
材料费明细	木龙骨	m^3	0.0848	1170	99.22		
	其他锯材	m^3	0.0127	1170	14.86		
	胶合板 5mm	m^2	11.907	7.81	92.99		
	椴木阴角线条 25mm×25mm	m	5.5668	2.19	12.19		
	椴木平面装饰线 50mm×10mm	m	22.6624	2.09	47.36		
	平板玻璃 5mm	m^2	0.4774	21.53	10.28		
	白乳胶（聚醋酸乙烯乳液）	kg	4.3801	4.61	20.19		
	其他材料费			—	35.84	—	
	材料费小计			—	332.93	—	

表-09

工程量清单综合单价分析表

工程名称：光明小区住宅楼家装工程　　　　标段：　　　　第12页　共38页

项目编码		020401005002		项目名称		夹板装饰门 M-2				计量单位	樘
清单综合单价组成明细											
定额编号	定额名称	定额单位	数量	单价				合价			
				人工费	材料费	机械费	管理费和利润	人工费	材料费	机械费	管理费和利润
B4-186	木门扇，木龙骨胶合板面层门扇，小玻造型门	100m²	0.0181	3060	5400.26	225.99	1119.66	55.39	97.74	4.09	20.26
B4-442	开扇门，不带亮，单扇	樘	1		8.9		1.14		8.9		1.14
B4-412	执手锁	10个	0.1	50.1			6.46	5.01			0.65
人工单价				小计				60.4	106.64	4.09	22.05
综合工日30元/工日				未计价材料费							
清单项目综合单价								193.19			
材料费明细	主要材料名称、规格、型号					单位	数量	单价/元	合价/元	暂估单价/元	暂估合价/元
	木龙骨					m²	0.0271	1170	31.71		
	其他锯材					m²	0.0041	1170	4.8		
	胶合板5mm					m²	3.801	7.81	29.69		
	椴木阴角线条25mm×25mm					m	1.7771	2.19	3.89		
	椴木平面装饰线50mm×10mm					m	7.2344	2.09	15.12		
	平板玻璃5mm					m²	0.1524	21.53	3.28		
	白乳胶（聚醋酸乙烯乳液）					kg	1.3982	4.61	6.45		
	其他材料费							—	11.82	—	
	材料费小计							—	106.75	—	

表-09

工程量清单综合单价分析表

工程名称：光明小区住宅楼家装工程　　　　标段：　　　　第13页　共38页

项目编码		020401005003		项目名称		夹板装饰门 M-3				计量单位	樘
清单综合单价组成明细											
定额编号	定额名称	定额单位	数量	单价				合价			
				人工费	材料费	机械费	管理费和利润	人工费	材料费	机械费	管理费和利润
B4-186	木门扇，木龙骨胶合板面层门扇，小玻造型门	$100m^2$	0.0168	3060	5400.26	225.99	1119.66	51.41	90.72	3.8	18.81
B4-442	开扇门，不带亮，单扇	樘	1		8.9		1.14		8.9		1.14
B4-412	执手锁	10个	0.1	50.1			6.46	5.01			0.65
人工单价				小计				56.42	99.62	3.8	20.6
综合工日30元/工日				未计价材料费							
清单项目综合单价								180.44			
材料费明细	主要材料名称、规格、型号					单位	数量	单价/元	合价/元	暂估单价/元	暂估合价/元
	木龙骨					m^3	0.0251	1170	29.37		
	其他锯材					m^3	0.0038	1170	4.45		
	胶合板5mm					m^2	3.528	7.81	27.55		
	椴木阴角线条25mm×25mm					m	1.6494	2.19	3.61		
	椴木平面装饰线50mm×10mm					m	6.7148	2.09	14.03		
	平板玻璃5mm					m^2	0.1415	21.53	3.05		
	白乳胶（聚醋酸乙烯乳液）					kg	1.2978	4.61	5.98		
	其他材料费							—	11.61	—	
	材料费小计							—	99.65	—	

表-09

工程量清单综合单价分析表

工程名称：光明小区住宅楼家装工程　　　　标段：　　　　第 14 页　共 38 页

项目编码	020401005004	项目名称	夹板装饰门 M-5	计量单位	樘

清单综合单价组成明细											
定额编号	定额名称	定额单位	数量	单价				合价			
				人工费	材料费	机械费	管理费和利润	人工费	材料费	机械费	管理费和利润
B4-186	木门扇，木龙骨胶合板面层门扇，小玻造型门	100m²	0.021	3060	5400.26	225.99	1119.66	64.26	113.41	4.75	23.51
B4-442	开扇门，不带亮，单扇	樘	1		8.9		1.14		8.9		1.14
B4-412	执手锁	10 个	0.1	50.1			6.46	5.01			0.65
人工单价				小计				69.27	122.31	4.75	25.3
综合工日 30 元/工日				未计价材料费							
清单项目综合单价								221.64			

材料费明细	主要材料名称、规格、型号	单位	数量	单价/元	合价/元	暂估单价/元	暂估合价/元
	木龙骨	m³	0.0314	1170	36.74		
	其他锯材	m³	0.0047	1170	5.5		
	胶合板 5mm	m²	4.41	7.81	34.44		
	椴木阴角线条 25mm×25mm	m	2.0618	2.19	4.52		
	椴木平面装饰线 50mm×10mm	m	8.3935	2.09	17.54		
	平板玻璃 5mm	m²	0.1768	21.53	3.81		
	白乳胶（聚醋酸乙烯乳液）	kg	1.6223	4.61	7.48		
	其他材料费			—	12.29	—	
	材料费小计			—	122.31	—	

表-09

工程量清单综合单价分析表

工程名称：光明小区住宅楼家装工程　　　　标段：　　　　第 15 页　共 38 页

项目编码		020402006001		项目名称		防盗门 M-6				计量单位	樘
清单综合单价组成明细											
定额编号	定额名称	定额单位	数量	单价				合价			
				人工费	材料费	机械费	管理费和利润	人工费	材料费	机械费	管理费和利润
B4-351	钢制门窗安装，防盗门	100m²	0.021	750	26801.08	75.04	3561.01	15.75	562.82	1.58	74.78
B4-B1	成品防盗门	樘	1		1500		193.35		1500		193.35
人工单价				小计				15.75	2062.82	1.58	268.13
综合工日 30 元/工日				未计价材料费							
清单项目综合单价								2348.28			
材料费明细	主要材料名称、规格、型号					单位	数量	单价/元	合价/元	暂估单价/元	暂估合价/元
	实腹钢门钢窗太原产普通防盗门					m²	2.1	261.38	548.9		
	膨胀螺栓胀锚螺栓锚固螺栓 6mm×75mm					套	11.7306	0.31	3.64		
	混凝土预埋铁件					kg	2.0114	4.69	9.43		
	其他材料费							—	1500.85	—	
	材料费小计							—	2062.82	—	

表-09

工程量清单综合单价分析表

工程名称：光明小区住宅楼家装工程　　　　标段：　　　　第 16 页　共 38 页

项目编码		020402002001		项目名称		金属推拉门 M-4			计量单位		樘
清单综合单价组成明细											
定额编号	定额名称	定额单位	数量	单价				合价			
				人工费	材料费	机械费	管理费和利润	人工费	材料费	机械费	管理费和利润
B4-250	双扇推拉门 90 系列，无上亮	100m²	0.0378	2350.2	13933.94		2099.03	88.84	526.7		79.34
人工单价				小计				88.84	526.7		79.34
综合工日 30 元/工日				未计价材料费							
清单项目综合单价								694.88			
材料费明细	主要材料名称、规格、型号				单位	数量	单价/元	合价/元	暂估单价/元	暂估合价/元	
	平板玻璃 5mm				m²	3.8877	21.53	83.7			
	铝合金型材银白色				kg	17.6757	21.53	380.56			
	铝合金门窗配件角码				个	8.3701	0.52	4.35			
	门窗密封毛条				m	20.7594	0.31	6.44			
	橡胶密封条单				m	23.055	1.09	25.13			
	铝合金门窗配件滚轮				个	4.1852	2.61	10.92			
	建筑油膏				kg	1.0679	3.66	3.91			
	其他材料费						—	11.71	—		
	材料费小计						—	526.72	—		

表-09

工程量清单综合单价分析表

工程名称：光明小区住宅楼家装工程　　　　标段：　　　　第 17 页　共 38 页

项目编码		020406007001		项目名称		塑钢窗 C-1				计量单位	樘
清单综合单价组成明细											
定额编号	定额名称	定额单位	数量	单价				合价			
				人工费	材料费	机械费	管理费和利润	人工费	材料费	机械费	管理费和利润
B4-358	塑钢门窗安装，窗，带亮子	$100m^2$	0.054	750	19932.75	45.85	2671.92	40.5	1076.37	2.48	144.28
人工单价				小计				40.5	1076.37	2.48	144.28
综合工日 30 元/工日				未计价材料费							
清单项目综合单价								631.82			
材料费明细	主要材料名称、规格、型号					单位	数量	单价/元	合价/元	暂估单价/元	暂估合价/元
	膨胀螺栓胀锚螺栓锚固螺栓 6mm×75mm					套	56.16	0.31	17.41		
	铝合金门窗配件角码					个	56.16	0.52	29.2		
	建筑油膏					kg	2.5628	3.66	9.38		
	门窗软填料					kg	2.8366	0.73	2.07		
	镀锌自攻螺钉 4mm×30mm					个	56.16	0.04	2.25		
	橡胶密封条双					m	25.596	1.64	41.98		
	塑钢门窗推拉窗 75 单玻（含 5mm 玻璃）50 亮子					m^2	5.1192	190.28	974.08		
	材料费小计							—	1076.37	—	

表-09

工程量清单综合单价分析表

工程名称：光明小区住宅楼家装工程　　　　标段：　　　　第 18 页　共 38 页

项目编码		020406007002		项目名称		塑钢窗 C-2				计量单位	樘
清单综合单价组成明细											
定额编号	定额名称	定额单位	数量	单价				合价			
				人工费	材料费	机械费	管理费和利润	人工费	材料费	机械费	管理费和利润
B4-358	塑钢门窗安装，窗，带亮子	$100m^2$	0.0432	750	19932.75	45.85	2671.92	32.4	861.09	1.98	115.43
人工单价				小计				32.4	861.09	1.98	115.43
综合工日 30 元/工日				未计价材料费							
清单项目综合单价								1010.9			
材料费明细	主要材料名称、规格、型号					单位	数量	单价/元	合价/元	暂估单价/元	暂估合价/元
	膨胀螺栓胀锚螺栓锚固螺栓 6mm×75mm					套	44.928	0.31	13.93		
	铝合金门窗配件角码					个	44.928	0.52	23.36		
	建筑油膏					kg	2.0503	3.66	7.5		
	门窗软填料					kg	2.2693	0.73	1.66		
	镀锌自攻螺钉 4mm×30mm					个	44.928	0.04	1.8		
	橡胶密封条双					m	20.4768	1.64	33.58		
	塑钢门窗推拉窗 75 单玻（含 5mm 玻璃）50 亮子					m^2	4.0954	190.28	779.27		
	材料费小计							—	861.1	—	

表-09

工程量清单综合单价分析表

工程名称：光明小区住宅楼家装工程　　　　标段：　　　　第 19 页　共 38 页

项目编码		020406007003		项目名称		塑钢窗 C-4				计量单位	樘
清单综合单价组成明细											
定额编号	定额名称	定额单位	数量	单价				合价			
				人工费	材料费	机械费	管理费和利润	人工费	材料费	机械费	管理费和利润
B4-358	塑钢门窗安装，窗，带亮子	$100m^2$	0.018	750	19932.75	45.85	2671.92	13.5	358.79	0.83	48.1
人工单价				小计				13.5	358.79	0.83	48.1
综合工日 30 元/工日				未计价材料费							
清单项目综合单价								421.22			
材料费明细	主要材料名称、规格、型号					单位	数量	单价/元	合价/元	暂估单价/元	暂估合价/元
	膨胀螺栓胀锚螺栓锚固螺栓 6mm×75mm					套	18.72	0.31	5.8		
	铝合金门窗配件角码					个	18.72	0.52	9.73		
	建筑油膏					kg	0.8543	3.66	3.13		
	门窗软填料					kg	0.9455	0.73	0.69		
	镀锌自攻螺钉 4mm×30mm					个	18.72	0.04	0.75		
	橡胶密封条双					m	8.532	1.64	13.99		
	塑钢门窗推拉窗 75 单玻（含 5mm 玻璃）50 亮子					m^2	1.7064	190.28	324.69		
	材料费小计							—	358.79	—	

表-09

工程量清单综合单价分析表

工程名称：光明小区住宅楼家装工程　　　　标段：　　　　第 20 页　共 38 页

项目编码		020406007004		项目名称		塑钢窗(阳台)				计量单位	樘
清单综合单价组成明细											
定额编号	定额名称	定额单位	数量	单价				合价			
				人工费	材料费	机械费	管理费和利润	人工费	材料费	机械费	管理费和利润
B4-358	塑钢门窗安装,窗,带亮子	$100m^2$	0.104	750	19932.75	45.85	2671.92	78	2073.01	4.77	277.88
人工单价				小计				78	2073.01	4.77	277.88
综合工日 30 元/工日				未计价材料费							
清单项目综合单价								2433.66			
材料费明细	主要材料名称、规格、型号					单位	数量	单价/元	合价/元	暂估单价/元	暂估合价/元
	膨胀螺栓胀锚螺栓锚固螺栓 6mm×75mm					套	108.16	0.31	33.53		
	铝合金门窗配件角码					个	108.16	0.52	56.24		
	建筑油膏					kg	4.9358	3.66	18.07		
	门窗软填料					kg	5.4631	0.73	3.99		
	镀锌自攻螺钉 4mm×30mm					个	108.16	0.04	4.33		
	橡胶密封条双					m	49.296	1.64	80.85		
	塑钢门窗推拉窗 75 单玻(含 5mm 玻璃)50 亮子					m^2	9.8592	190.28	1876.01		
	材料费小计							—	2073.01	—	

表-09

工程量清单综合单价分析表

工程名称：光明小区住宅楼家装工程　　　　标段：　　　　第 21 页　共 38 页

项目编码	020407001001			项目名称		木门套			计量单位		m^2
清单综合单价组成明细											
定额编号	定额名称	定额单位	数量	单价				合价			
				人工费	材料费	机械费	管理费和利润	人工费	材料费	机械费	管理费和利润
B4-385	门套（筒子板）无门框胶合板 18mm 基层 带止口	$10m^2$	0.877	156	726.01	7.66	114.68	136.81	636.71	6.72	100.57
B4-387	门套（筒子板）贴面层 柚木饰面板	$10m^2$	0.877	36	240.71	8.21	36.73	31.57	211.1	7.2	32.22
人工单价				小计				168.38	847.81	13.92	132.79
综合工日 30 元/工日				未计价材料费							
清单项目综合单价								132.6			

	主要材料名称、规格、型号	单位	数量	单价/元	合价/元	暂估单价/元	暂估合价/元
材料费明细	安装锯材	m^3	0.036	1170	42.12		
	白乳胶（聚醋酸乙烯乳液）	kg	6.2354	4.61	28.75		
	气钉 20mm 2000 个/盒	盒	0.3771	5.23	1.97		
	气钉 30mm 2000 个/盒	盒	0.3683	7.32	2.7		
	胶合板 9mm	m^2	4.7797	10.74	51.33		
	胶合板 18mm	m^2	15.4089	33.83	521.28		
	胶合饰面板泰柚	m^2	9.8224	20.02	196.64		
	其他材料费			—	3.09	—	
	材料费小计			—	847.88	—	

表-09

工程量清单综合单价分析表

工程名称：光明小区住宅楼家装工程　　　　标段：　　　　第 22 页　共 38 页

项目编码		020407001002		项目名称		木窗套				计量单位	m^2
清单综合单价组成明细											
定额编号	定额名称	定额单位	数量	单价				合价			
				人工费	材料费	机械费	管理费和利润	人工费	材料费	机械费	管理费和利润
B4-388	窗套（筒子板）松、杉板直接 安装在墙面上	$10m^2$	0.5	49.5	389.36		56.57	24.75	194.68		28.29
B4-390	窗套 贴面层 柚木饰面板	$10m^2$	0.5	33	242.72	8.21	36.6	16.5	121.36	4.11	18.3
人工单价				小计				41.25	316.04	4.11	46.59
综合工日 30 元/工日				未计价材料费							
清单项目综合单价								81.6			
材料费明细	主要材料名称、规格、型号					单位	数量	单价/元	合价/元	暂估单价/元	暂估合价/元
	安装锯材					m^3	0.0001	1170	0.12		
	白乳胶（聚醋酸乙烯乳液）					kg	3.27	4.61	15.07		
	气钉 20mm 2000 个/盒					盒	0.305	5.23	1.6		
	胶合饰面板泰柚					m^2	5.6	20.02	112.11		
	一般装修锯材					m^3	0.1305	1420	185.31		
	其他材料费							—	1.89	—	
	材料费小计							—	316.1	—	

表-09

工程量清单综合单价分析表

工程名称：光明小区住宅楼家装工程　　　　标段：　　　　第 23 页　共 38 页

项目编码	020408001001	项目名称	木窗帘盒	计量单位	m

清单综合单价组成明细

定额编号	定额名称	定额单位	数量	单价				合价			
				人工费	材料费	机械费	管理费和利润	人工费	材料费	机械费	管理费和利润
B4-393	窗帘盒（不带轨）胶合板 18mm	10m	0.36	61.2	186.06		31.88	22.03	66.98		11.47
人工单价				小计				22.03	66.98		11.47
综合工日 30 元/工日				未计价材料费							
清单项目综合单价								27.91			

材料费明细	主要材料名称、规格、型号	单位	数量	单价/元	合价/元	暂估单价/元	暂估合价/元
	铁件	kg	1.8288	4.34	7.94		
	膨胀螺栓胀锚螺栓锚固螺栓 6mm×75mm	套	4.158	0.31	1.29		
	胶合板 18mm	m^2	1.692	33.83	57.24		
	其他材料费			—	0.52	—	
	材料费小计			—	66.98	—	

表-09

工程量清单综合单价分析表

工程名称：光明小区住宅楼家装工程　　　　标段：　　　　第 24 页　共 38 页

项目编码		020408001002		项目名称		木窗帘盒(帷幕板)			计量单位		m
清单综合单价组成明细											
定额编号	定额名称	定额单位	数量	单价				合价			
				人工费	材料费	机械费	管理费和利润	人工费	材料费	机械费	管理费和利润
B4-394	窗帘帷幕板 木龙骨水曲柳面层(单面) 板厚(mm 以内)20	$10m^2$	0.204	75	239.07	8.21	41.55	15.3	48.77	1.67	8.48
人工单价				小计				15.3	48.77	1.67	8.48
综合工日 30 元/工日				未计价材料费							
清单项目综合单价								7.27			
材料费明细	主要材料名称、规格、型号					单位	数量	单价/元	合价/元	暂估单价/元	暂估合价/元
	木龙骨					m^3	0.0084	1170	9.83		
	白乳胶(聚醋酸乙烯乳液)					kg	0.7364	4.61	3.39		
	气钉 30mm 2000 个/盒					盒	0.1081	7.32	0.79		
	膨胀螺栓胀锚螺栓锚固螺栓 6mm×75mm					套	14.3514	0.31	4.45		
	胶合饰面板水曲柳					m^2	2.2848	13.09	29.91		
	其他材料费							—	0.44	—	
	材料费小计							—	48.81	—	

表-09

工程量清单综合单价分析表

工程名称：光明小区住宅楼家装工程　　　　标段：　　　　第 25 页　共 38 页

项目编码	020408004001	项目名称	窗帘轨	计量单位	m

清单综合单价组成明细

定额编号	定额名称	定额单位	数量	单价				合价			
				人工费	材料费	机械费	管理费和利润	人工费	材料费	机械费	管理费和利润
B4-406	窗帘轨安装 不锈钢(耐冲击) 双轨	100m	0.138	189.9	2016.52		284.41	26.21	278.28		39.25
人工单价				小计				26.21	278.28		39.25
综合工日 30 元/工日				未计价材料费							
清单项目综合单价								24.91			

材料费明细	主要材料名称、规格、型号	单位	数量	单价/元	合价/元	暂估单价/元	暂估合价/元
	膨胀螺栓胀锚螺栓锚固螺栓 6mm×75mm	套	31.5868	0.31	9.79		
	不锈钢窗帘轨(双轨)	m	17.112	15.69	268.49		
	材料费小计			—	278.28	—	

表-09

工程量清单综合单价分析表

工程名称：光明小区住宅楼家装工程　　　　标段：　　　　第 26 页　共 38 页

项目编码	020501001001	项目名称	门油漆 M-1	计量单位	樘

清单综合单价组成明细											
定额编号	定额名称	定额单位	数量	单价				合价			
				人工费	材料费	机械费	管理费和利润	人工费	材料费	机械费	管理费和利润
B5-67	刮腻子、磨砂纸、刷底油一遍、刷聚酯清漆二遍 单层木门	$100m^2$	0.0567	1207.2	2422.31		467.84	68.45	137.34		26.53
B5-305	油漆面抛光打蜡 木门	$100m^2$	0.0567	194.1	140.42		43.12	11.01	7.96		2.45
人工单价				小计				79.46	145.3		28.98
综合工日 30 元/工日				未计价材料费							
清单项目综合单价								84.58			

材料费明细	主要材料名称、规格、型号	单位	数量	单价/元	合价/元	暂估单价/元	暂估合价/元
	水砂纸 240#	张	2.0412	0.37	0.76		
	高级聚酯亮光清漆	kg	1.2684	23.2	29.43		
	聚酯固化剂	kg	1.2684	15.68	19.89		
	高级聚酯漆稀释剂	kg	1.3052	11.71	15.28		
	聚酯底漆	kg	1.4016	26.1	36.58		
	聚酯透明腻子	kg	1.5978	20.07	32.07		
	其他材料费(占材料费的)	元	2.8473	1	2.85		
	上光蜡	kg	0.6112	10.46	6.39		
	其他材料费			—	2.06	—	
	材料费小计			—	145.31	—	

表-09

工程量清单综合单价分析表

工程名称：光明小区住宅楼家装工程　　　　标段：　　　　第 27 页　共 38 页

项目编码	020501001002	项目名称	门油漆 M-2	计量单位	樘

清单综合单价组成明细

定额编号	定额名称	定额单位	数量	单价				合价			
				人工费	材料费	机械费	管理费和利润	人工费	材料费	机械费	管理费和利润
B5-67	刮腻子、磨砂纸、刷底油一遍、刷聚酯清漆二遍 单层木门	$100m^2$	0.0181	1207.2	2422.31		467.84	21.85	43.84		8.47
B5-305	油漆面抛光打蜡 木门	$100m^2$	0.0181	194.1	140.42		43.12	3.51	2.54		0.78
人工单价				小计				25.36	46.38		9.25
综合工日 30 元/工日				未计价材料费							
清单项目综合单价								80.98			

	主要材料名称、规格、型号	单位	数量	单价/元	合价/元	暂估单价/元	暂估合价/元
材料费明细	高级聚酯亮光清漆	kg	0.4049	23.2	9.39		
	聚酯固化剂	kg	0.4049	15.68	6.35		
	高级聚酯漆稀释剂	kg	0.4167	11.71	4.88		
	聚酯底漆	kg	0.4474	26.1	11.68		
	聚酯透明腻子	kg	0.5101	20.07	10.24		
	上光蜡	kg	0.1951	10.46	2.04		
	其他材料费			—	1.81	—	
	材料费小计			—	46.39	—	

表-09

工程量清单综合单价分析表

工程名称：光明小区住宅楼家装工程　　　　标段：　　　　第 28 页　共 38 页

项目编码		020501001003		项目名称		门油漆 M-3			计量单位		樘
清单综合单价组成明细											
定额编号	定额名称	定额单位	数量	单价				合价			
				人工费	材料费	机械费	管理费和利润	人工费	材料费	机械费	管理费和利润
B5-67	刮腻子、磨砂纸、刷底油一遍、刷聚酯清漆二遍 单层木门	$100m^2$	0.0168	1207.2	2422.31		467.84	20.28	40.69		7.86
B5-305	油漆面抛光打蜡 木门	$100m^2$	0.0168	194.1	140.42		43.12	3.26	2.36		0.73
人工单价				小计				23.54	43.05		8.59
综合工日 30 元/工日				未计价材料费							
清单项目综合单价								75.18			
材料费明细	主要材料名称、规格、型号					单位	数量	单价/元	合价/元	暂估单价/元	暂估合价/元
	高级聚酯亮光清漆					kg	0.3758	23.2	8.72		
	聚酯固化剂					kg	0.3758	15.68	5.89		
	高级聚酯漆稀释剂					kg	0.3867	11.71	4.53		
	聚酯底漆					kg	0.4153	26.1	10.84		
	聚酯透明腻子					kg	0.4734	20.07	9.5		
	上光蜡					kg	0.1811	10.46	1.89		
	其他材料费							—	1.67	—	
	材料费小计							—	43.05	—	

表-09

工程量清单综合单价分析表

工程名称：光明小区住宅楼家装工程　　　　标段：　　　　第 29 页　共 38 页

项目编码	020501001004	项目名称	门油漆 M-5							计量单位	樘
清单综合单价组成明细											
定额编号	定额名称	定额单位	数量	单价				合价			
				人工费	材料费	机械费	管理费和利润	人工费	材料费	机械费	管理费和利润
B5-67	刮腻子、磨砂纸、刷底油一遍、刷聚酯清漆二遍 单层木门	$100m^2$	0.021	1207.2	2422.31		467.84	25.35	50.87		9.82
B5-305	油漆面抛光打蜡 木门	$100m^2$	0.021	194.1	140.42		43.12	4.08	2.95		0.9
人工单价				小计				29.43	53.82		10.72
综合工日 30 元/工日				未计价材料费							
清单项目综合单价								93.99			

	主要材料名称、规格、型号	单位	数量	单价/元	合价/元	暂估单价/元	暂估合价/元
材料费明细	高级聚酯亮光清漆	kg	0.4698	23.2	10.9		
	聚酯固化剂	kg	0.4698	15.68	7.37		
	高级聚酯漆稀释剂	kg	0.4834	11.71	5.66		
	聚酯底漆	kg	0.5191	26.1	13.55		
	聚酯透明腻子	kg	0.5918	20.07	11.88		
	上光蜡	kg	0.2264	10.46	2.37		
	其他材料费			—	2.09	—	
	材料费小计			—	53.82	—	

表-09

工程量清单综合单价分析表

工程名称：光明小区住宅楼家装工程　　　　标段：　　　　第 30 页　共 38 页

项目编码	020503002001	项目名称	窗帘盒、窗帘帷幕板油漆	计量单位	m

清单综合单价组成明细

定额编号	定额名称	定额单位	数量	单价				合价			
				人工费	材料费	机械费	管理费和利润	人工费	材料费	机械费	管理费和利润
B5-69	刮腻子、磨砂纸、刷底油一遍、刷聚酯清漆二遍 其他木材面	$100m^2$	0.0356	905.7	1216.4		273.54	32.24	43.3		9.74
B5-306	油漆面抛光打蜡 其他木材面	$100m^2$	0.0356	90	65.61		20.06	3.2	2.34		0.71
人工单价				小计				35.44	45.64		10.45
综合工日 30 元/工日				未计价材料费							
清单项目综合单价								6.63			

材料费明细	主要材料名称、规格、型号	单位	数量	单价/元	合价/元	暂估单价/元	暂估合价/元
	高级聚酯亮光清漆	kg	0.4016	23.2	9.32		
	聚酯固化剂	kg	0.4016	15.68	6.3		
	高级聚酯漆稀释剂	kg	0.4133	11.71	4.84		
	聚酯底漆	kg	0.4436	26.1	11.58		
	聚酯透明腻子	kg	0.5055	20.07	10.15		
	上光蜡	kg	0.178	10.46	1.86		
	其他材料费			—	1.61	—	
	材料费小计			—	45.64	—	

表-09

工程量清单综合单价分析表

工程名称：光明小区住宅楼家装工程　　　　标段：　　　　第 31 页　共 38 页

项目编码	020504003001	项目名称	门套油漆			计量单位					m^2
清单综合单价组成明细											
定额编号	定额名称	定额单位	数量	单价				合价			
				人工费	材料费	机械费	管理费和利润	人工费	材料费	机械费	管理费和利润
B5-69	刮腻子、磨砂纸、刷底油一遍、刷聚酯清漆二遍 其他木材面	$100m^2$	0.0877	905.7	1216.4		273.54	79.43	106.68		23.99
B5-306	油漆面抛光打蜡 其他木材面	$100m^2$	0.0877	90	65.61		20.06	7.89	5.75		1.76
人工单价				小计				87.32	112.43		25.75
综合工日 30 元/工日				未计价材料费							
清单项目综合单价								25.72			

材料费明细	主要材料名称、规格、型号	单位	数量	单价/元	合价/元	暂估单价/元	暂估合价/元
	高级聚酯亮光清漆	kg	0.9893	23.2	22.95		
	聚酯固化剂	kg	0.9893	15.68	15.51		
	高级聚酯漆稀释剂	kg	1.0182	11.71	11.92		
	聚酯底漆	kg	1.0927	26.1	28.52		
	聚酯透明腻子	kg	1.2453	20.07	24.99		
	上光蜡	kg	0.4385	10.46	4.59		
	其他材料费			—	3.96	—	
	材料费小计			—	112.43	—	

表-09

工程量清单综合单价分析表

工程名称：光明小区住宅楼家装工程　　　　标段：　　　　第 32 页　共 38 页

项目编码		020504003002		项目名称		窗套油漆				计量单位	m^2
清单综合单价组成明细											
定额编号	定额名称	定额单位	数量	单价				合价			
				人工费	材料费	机械费	管理费和利润	人工费	材料费	机械费	管理费和利润
B5-69	刮腻子、磨砂纸、刷底油一遍、刷聚酯清漆二遍 其他木材面	$100m^2$	0.05	905.7	1216.4		273.54	45.29	60.82		13.68
B5-306	油漆面抛光打蜡 其他木材面	$100m^2$	0.05	90	65.61		20.06	4.5	3.28		1.01
人工单价				小计				49.79	64.1		14.69
综合工日 30 元/工日				未计价材料费							
清单项目综合单价								25.72			

材料费明细	主要材料名称、规格、型号	单位	数量	单价/元	合价/元	暂估单价/元	暂估合价/元
	高级聚酯亮光清漆	kg	0.564	23.2	13.08		
	聚酯固化剂	kg	0.564	15.68	8.84		
	高级聚酯漆稀释剂	kg	0.5805	11.71	6.8		
	聚酯底漆	kg	0.623	26.1	16.26		
	聚酯透明腻子	kg	0.71	20.07	14.25		
	上光蜡	kg	0.25	10.46	2.62		
	其他材料费			—	2.26	—	
	材料费小计			—	64.1	—	

表-09

工程量清单综合单价分析表

工程名称：光明小区住宅楼家装工程　　　　标段：　　　　第 33 页　共 38 页

项目编码		020504003003		项目名称		踢脚线油漆				计量单位	m²
清单综合单价组成明细											
定额编号	定额名称	定额单位	数量	单价				合价			
				人工费	材料费	机械费	管理费和利润	人工费	材料费	机械费	管理费和利润
B5-69	刮腻子、磨砂纸、刷底油一遍、刷聚酯清漆二遍 其他木材面	100m²	0.055	905.7	1216.4		273.54	49.81	66.9		15.04
B5-306	油漆面抛光打蜡 其他木材面	100m²	0.055	90	65.61		20.06	4.95	3.61		1.1
人工单价				小计				54.76	70.51		16.14
综合工日 30 元/工日				未计价材料费							
清单项目综合单价								25.72			
材料费明细	主要材料名称、规格、型号					单位	数量	单价/元	合价/元	暂估单价/元	暂估合价/元
	高级聚酯亮光清漆					kg	0.6204	23.2	14.39		
	聚酯固化剂					kg	0.6204	15.68	9.73		
	高级聚酯漆稀释剂					kg	0.6386	11.71	7.48		
	聚酯底漆					kg	0.6853	26.1	17.89		
	聚酯透明腻子					kg	0.781	20.07	15.67		
	上光蜡					kg	0.275	10.46	2.88		
	其他材料费							—	2.48	—	
	材料费小计							—	70.51	—	

表-09

工程量清单综合单价分析表

工程名称：光明小区住宅楼家装工程　　标段：　　第34页　共38页

项目编码		020506001001		项目名称		抹灰面油漆（内墙）				计量单位	m^2
清单综合单价组成明细											
定额编号	定额名称	定额单位	数量	单价				合价			
				人工费	材料费	机械费	管理费和利润	人工费	材料费	机械费	管理费和利润
B5-213	乳胶漆 抹灰面 三遍	$100m^2$	1.118	211.2	295.73		65.35	236.12	330.63		73.06
人工单价				小计				236.12	330.63		73.06
综合工日30元/工日				未计价材料费							
清单项目综合单价								5.72			
材料费明细	主要材料名称、规格、型号					单位	数量	单价/元	合价/元	暂估单价/元	暂估合价/元
	白乳胶（聚醋酸乙烯乳液）					kg	3.6223	4.61	16.7		
	其他材料费（占材料费的）					元	8.4096	1	8.41		
	滑石粉					kg	30.991	0.4	12.4		
	聚醋酸乙烯乳胶漆白					kg	48.3647	5.95	287.77		
	其他材料费							—	5.34	—	
	材料费小计							—	330.62	—	

表-09

工程量清单综合单价分析表

工程名称：光明小区住宅楼家装工程　　　　标段：　　　　

<table>
<tr><td colspan="2">项目编码</td><td colspan="2">020506001002</td><td colspan="2">项目名称</td><td colspan="4">抹灰面油漆（顶棚）</td><td>计量单位</td><td>m²</td></tr>
<tr><td colspan="12">清单综合单价组成明细</td></tr>
<tr><td rowspan="2">定额编号</td><td rowspan="2">定额名称</td><td rowspan="2">定额单位</td><td rowspan="2">数量</td><td colspan="4">单价</td><td colspan="4">合价</td></tr>
<tr><td>人工费</td><td>材料费</td><td>机械费</td><td>管理费和利润</td><td>人工费</td><td>材料费</td><td>机械费</td><td>管理费和利润</td></tr>
<tr><td>B5-213</td><td>乳胶漆 抹灰面 三遍</td><td>100m²</td><td>0.455</td><td>211.2</td><td>295.73</td><td></td><td>65.35</td><td>96.1</td><td>134.56</td><td></td><td>29.73</td></tr>
<tr><td colspan="4">人工单价</td><td colspan="4">小计</td><td>96.1</td><td>134.56</td><td></td><td>29.73</td></tr>
<tr><td colspan="4">综合工日 30 元/工日</td><td colspan="4">未计价材料费</td><td colspan="4"></td></tr>
<tr><td colspan="8">清单项目综合单价</td><td colspan="4">5.72</td></tr>
<tr><td rowspan="9">材料费明细</td><td colspan="5">主要材料名称、规格、型号</td><td>单位</td><td>数量</td><td>单价/元</td><td>合价/元</td><td>暂估单价/元</td><td>暂估合价/元</td></tr>
<tr><td colspan="5">白乳胶（聚醋酸乙烯乳液）</td><td>kg</td><td>1.4742</td><td>4.61</td><td>6.8</td><td></td><td></td></tr>
<tr><td colspan="5">其他材料费（占材料费的）</td><td>元</td><td>3.4225</td><td>1</td><td>3.42</td><td></td><td></td></tr>
<tr><td colspan="5">滑石粉</td><td>kg</td><td>12.6126</td><td>0.4</td><td>5.05</td><td></td><td></td></tr>
<tr><td colspan="5">聚醋酸乙烯乳胶漆白</td><td>kg</td><td>19.6833</td><td>5.95</td><td>117.12</td><td></td><td></td></tr>
<tr><td colspan="7">其他材料费</td><td>—</td><td>2.17</td><td>—</td><td></td></tr>
<tr><td colspan="7">材料费小计</td><td>—</td><td>134.55</td><td>—</td><td></td></tr>
<tr><td colspan="5"></td><td></td><td></td><td></td><td></td><td></td><td></td></tr>
<tr><td colspan="5"></td><td></td><td></td><td></td><td></td><td></td><td></td></tr>
</table>

表-09

工程量清单综合单价分析表

工程名称：光明小区住宅楼家装工程　　　　标段：　　　　第 36 页　共 38 页

项目编码	020503005001	项目名称	单独木线油漆（门窗贴脸、顶角线）	计量单位	m

清单综合单价组成明细											
定额编号	定额名称	定额单位	数量	单价				合价			
				人工费	材料费	机械费	管理费和利润	人工费	材料费	机械费	管理费和利润
B5-75	刮腻子、磨砂纸、刷底油一遍、刷聚酯清漆二遍 木线条（宽度在 mm 以内）50 以上 -100	100m	1.127	252.6	224.48		61.49	284.68	252.99		69.29
B5-307	油漆面抛光打蜡 木线条	100m	1.127	24	4.19		3.63	27.05	4.72		4.09
人工单价				小计				311.73	257.71		73.38
综合工日 30 元/工日				未计价材料费							
清单项目综合单价								5.71			

	主要材料名称、规格、型号	单位	数量	单价/元	合价/元	暂估单价/元	暂估合价/元
材料费明细	高级聚酯亮光清漆	kg	2.2089	23.2	51.25		
	聚酯固化剂	kg	2.2089	15.68	34.64		
	高级聚酯漆稀释剂	kg	2.2765	11.71	26.66		
	聚酯底漆	kg	2.4569	26.1	64.13		
	聚酯透明腻子	kg	2.795	20.07	56.1		
	上光蜡	kg	0.3043	10.46	3.18		
	其他材料费			—	21.78	—	
	材料费小计			—	257.72	—	

表-09

工程量清单综合单价分析表

工程名称：光明小区住宅楼家装工程　　　　标段：　　　　第 37 页　共 38 页

定额编号	定额名称	定额单位	数量	单价				合价			
项目编码	020604002001	项目名称	木质装饰线(顶角线)					计量单位	m		
清单综合单价组成明细											
				人工费	材料费	机械费	管理费和利润	人工费	材料费	机械费	管理费和利润
B6-79	木线条顶角线 宽度在 80mm 以内	100m	0.4412	89.4	1229.7	33.93	174.4	39.44	542.54	14.97	76.95
人工单价				小计				39.44	542.54	14.97	76.95
综合工日 30 元/工日				未计价材料费							
清单项目综合单价								15.27			

	主要材料名称、规格、型号	单位	数量	单价/元	合价/元	暂估单价/元	暂估合价/元
材料费明细	白乳胶(聚醋酸乙烯乳液)	kg	0.4721	4.61	2.18		
	红榉木顶角线条 70mm×28mm	m	50.738	10.63	539.34		
	其他材料费			—	1.02	—	
	材料费小计			—	542.54	—	

表-09

工程量清单综合单价分析表

工程名称：光明小区住宅楼家装工程　　标段：　　第 38 页　共 38 页

项目编码	020604002002	项目名称	木质装饰线（门窗贴脸）	计量单位	m

清单综合单价组成明细

定额编号	定额名称	定额单位	数量	单价				合价			
				人工费	材料费	机械费	管理费和利润	人工费	材料费	机械费	管理费和利润
B6-85	木线条平面装饰线 宽度在 60mm 以内	100m	0.686	89.4	1477.03	33.93	206.28	61.33	1013.24	23.28	141.51
人工单价				小计				61.33	1013.24	23.28	141.51
综合工日 30 元/工日				未计价材料费							
清单项目综合单价								18.06			

材料费明细	主要材料名称、规格、型号	单位	数量	单价/元	合价/元	暂估单价/元	暂估合价/元
	白乳胶（聚醋酸乙烯乳液）	kg	1.2005	4.61	5.53		
	气钉 30mm 2000 个/盒	盒	0.2538	7.32	1.86		
	红榉木平面装饰线条 60mm×15mm	m	78.89	12.75	1005.85		
	材料费小计			—	1013.24	—	

表-09

表 4-44　工程做法

名称	做法名称	做法及说明	备注
内墙 1	乳胶漆墙面	1. 乳胶漆两遍 2. 刷底漆一遍 3. 满刮腻子一遍 4. 清理抹灰基层 5. 2 厚纸筋灰抹面 6. 6 厚 1:3 石灰砂浆 7. 10 厚 1:3:9 水泥石灰砂浆打底 8. 刷建筑胶素水泥浆一遍，配合比为建筑胶:水 =1:4	卧室、客厅餐厅
内墙 2	瓷面砖墙面	1. 5 厚 200mm × 200mm 的白瓷砖，白水泥浆擦缝 2. 1:3 水泥砂浆结合层一道 3. 1:0.2:2 水泥石灰砂浆找平 4. 素水泥砂浆结合层一道（内掺建筑胶） 5. 12 厚 1:3:9 水泥石灰砂浆打底	卫生间 厨房 阳台
地面 1	陶瓷地砖防水地面	1. 8 ~ 10 厚 300mm × 300mm 防滑地砖铺实拍平，白水泥浆擦缝 2. 20 厚 1:2.5 干硬性水泥砂浆 3. 3 厚聚氨酯防水涂料，面撒黄砂，四周沿墙上翻 150 高 4. 刷基层处理剂一遍 5. 20 厚 1:3 水泥砂浆找平 6. 50 厚 C15 细石混凝土找坡不小于 0.5%，最薄处不小于 30 厚 7. 钢筋混凝土楼板	卫生间
地面 2	花岗石楼面	1. 20 厚 600mm × 600mm 的花岗石板铺实拍平，白水泥浆擦缝，酸洗打蜡 2. 30 厚 1:4 干硬性水泥砂浆结合层 3. 素水泥砂浆结合层一道（内掺建筑胶） 4. 钢筋混凝土楼板	客厅、餐厅
地面 3	复合木地板楼面	1. 8 厚的复合强化木地板 2. 2 厚聚乙烯泡沫塑料垫 3. 建筑胶水泥腻子刮平 4. 30 厚 1:3 水泥砂浆掺入水泥用量 3% 的硅质密实剂 5. 素水泥砂浆结合层一道（内掺建筑胶） 6. 钢筋混凝土楼板	卧室
地面 4	陶瓷地砖楼面	1. 8 ~ 10 厚 600mm × 600mm 抛光瓷砖铺实拍平，白水泥浆擦缝 2. 20 厚 1:4 干硬性水泥砂浆 3. 素水泥砂浆结合层一道（内掺建筑胶） 4. 钢筋混凝土楼板	厨房、阳台

名称	做法名称	做法及说明	备注
顶棚 1	铝塑板吊顶	1. 300 × 300 装配式 U 形轻钢龙骨 2. 3 厚 500 × 500 或 600 × 600 胶合板，离缝 5 3. 万能胶粘剂粘贴单面铝塑板	卫生间、厨房
顶棚 2	纸面石膏板	1. 450 × 450 装配式 U 形轻钢龙骨 2. 轻钢龙骨直线型造型线条 3. 纸面石膏板	客厅
顶棚 3		1. 钢筋混凝土板底面清理干净 2. 刷素水泥浆一道（内掺建筑胶） 3. 5 厚 1:3 水泥砂浆打底 4. 5 厚 1:2.5 水泥砂浆抹面 5. 抹灰面清扫、满刮腻子、打磨、滚涂白色乳胶漆	卧室、餐厅阳台
踢脚线		120 宽的实木踢脚线，地板胶粘接	卧室、客厅餐厅
顶角线		80 宽的红榉木顶角线	卧室、餐厅
门套		1. 18 厚胶合板基层（无门框带止口） 2. 柚木饰面板面层 3. 60 宽的木贴脸板	
窗套		1. 松、杉板直接安装在墙面 2. 柚木饰面板面层 3. 60 宽的木贴脸板	
窗帘帷幕板		1. 木龙骨水曲柳面层（板厚 20mm 以内），高 200 2. 不锈钢窗帘轨（双轨）	
窗帘盒		1. 18 厚胶合板制作，每边宽出窗户 600，高 200 2. 不锈钢窗帘轨（双轨）	
其他		A. 单层木门刷聚酯清漆、抛光打蜡 B. 门窗套刷聚酯清漆、抛光打蜡 C. 窗帘帷幕板、窗帘盒刷聚酯清漆、抛光打蜡 D. 顶角平面装饰线刷聚酯清漆、抛光打蜡 E. 门窗木贴脸板刷聚酯清漆、抛光打蜡	
说明		1. 所有窗台高度均为 900 2. 阳台为封闭式，其中栏板高度为 900，窗户为塑钢窗	

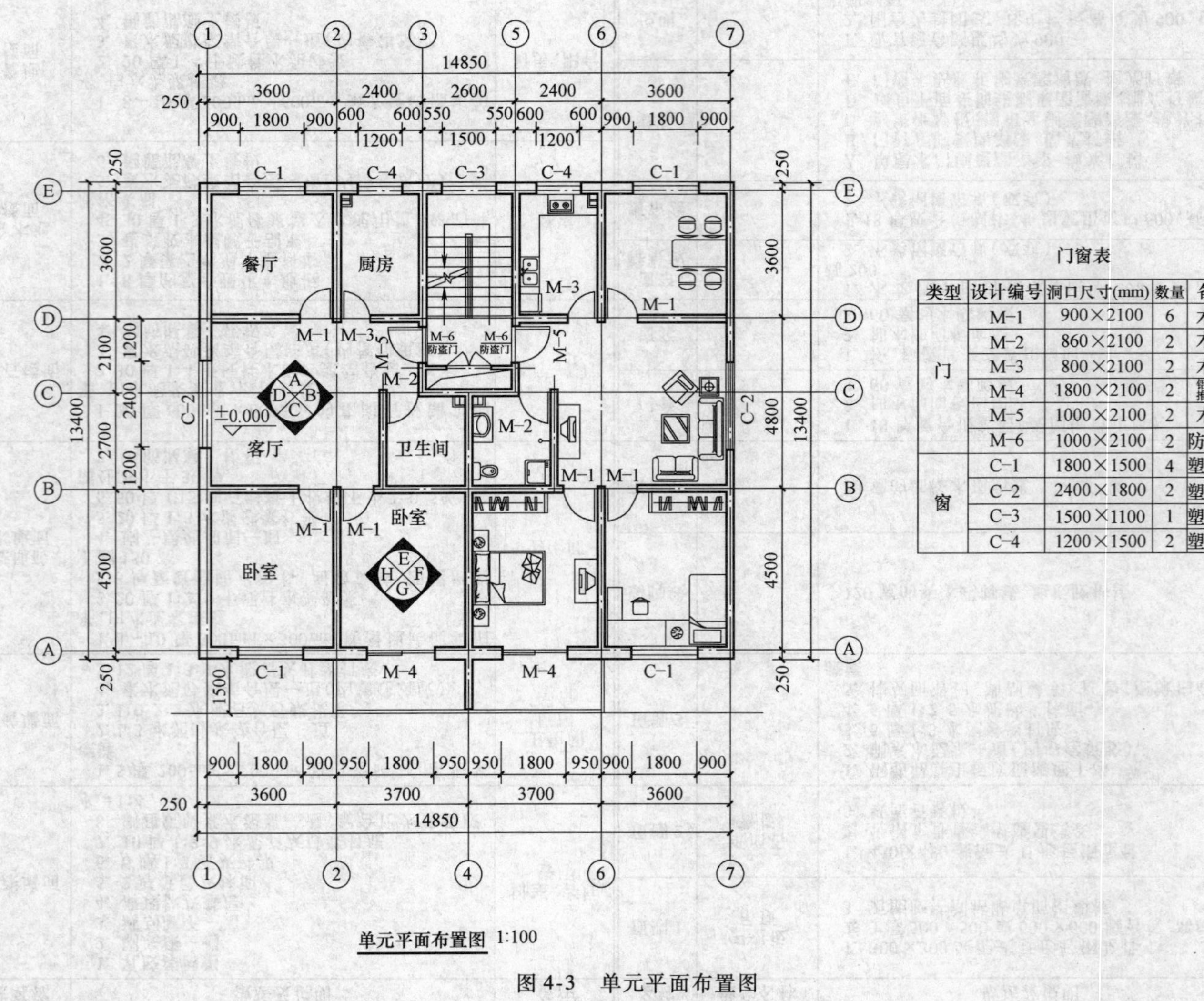

门窗表

类型	设计编号	洞口尺寸(mm)	数量	备注
门	M-1	900×2100	6	木门
	M-2	860×2100	2	木门
	M-3	800×2100	2	木门
	M-4	1800×2100	2	铝合金推拉门
	M-5	1000×2100	2	木门
	M-6	1000×2100	2	防盗门
窗	C-1	1800×1500	4	塑钢窗
	C-2	2400×1800	2	塑钢窗
	C-3	1500×1100	1	塑钢窗
	C-4	1200×1500	2	塑钢窗

单元平面布置图 1:100

图 4-3　单元平面布置图

14850
250
3600
2400
2600
2400
3600
900 1800 900 600 1200 600 550 1500 550 600 1200 600 900 1800 900
C-1
C-4
C-3
C-4
C-1
罩白色乳胶漆
餐厅
厨房
铝塑板吊顶
标高:2.600
2.900
上
下
2.550
2.700
C-2
250×300风道
铝塑板吊顶
标高:2.600
纸面石膏板吊顶
卧室
卧室
罩白色乳胶漆
2.900
2.900
罩白色乳胶漆
120
罩白色乳胶漆
3600
2100
1200
2400
2700
1200
4500
13400
250
1500
4800
图例:
吸顶灯
浴霸/换气/照明
工艺吊灯
900 1800 900 950 1800 950 950 1800 950 900 1800 900
3600
3700
3700
3600
单元顶棚平面图 1:100

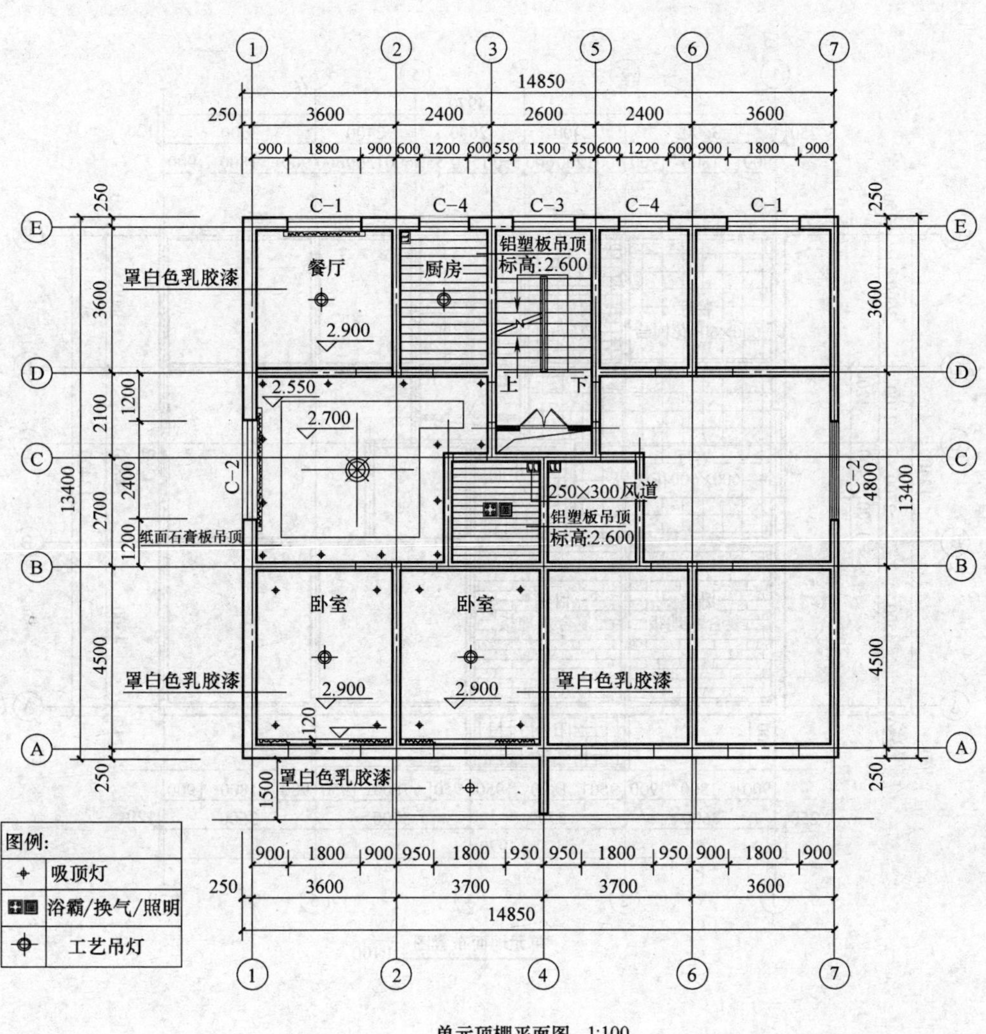

图 4-4 单元顶棚平面图

14970
250
3600
2400
2600
2400
3600
120
900
1800
900
600
1200
600
550
1500
550
600
1200
600
900
1800
900
C-1
C-4
C-3
C-4
C-1
餐厅
600×600花岗岩
厨房
瓷砖
上
下
客厅
600×600花岗岩
卫生间
瓷砖
C-2
C-2
卧室
复合木地板
卧室
复合木地板
阳台
瓷砖
3600
2100
2700
4500
13400
1200
2400
1200
4800
1500
950
3700
单元地面布置图
1:100

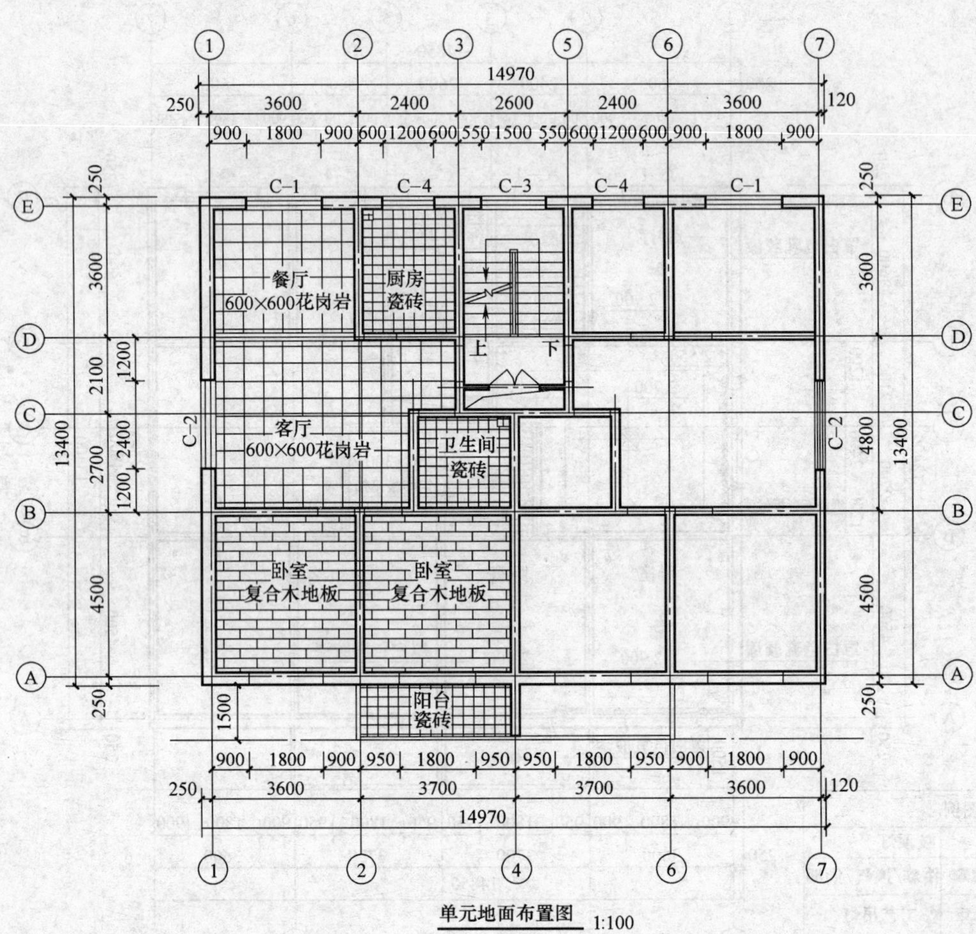

图 4-5　单元地面布置图

客厅顶棚布置图 1:50
客厅A立面图 1:50
客厅B立面图 1:50
客厅C立面图 1:50
客厅D立面图 1:50
墙面刮白
罩乳胶漆
踢脚线
木门
镶板
木门
白色塑钢窗

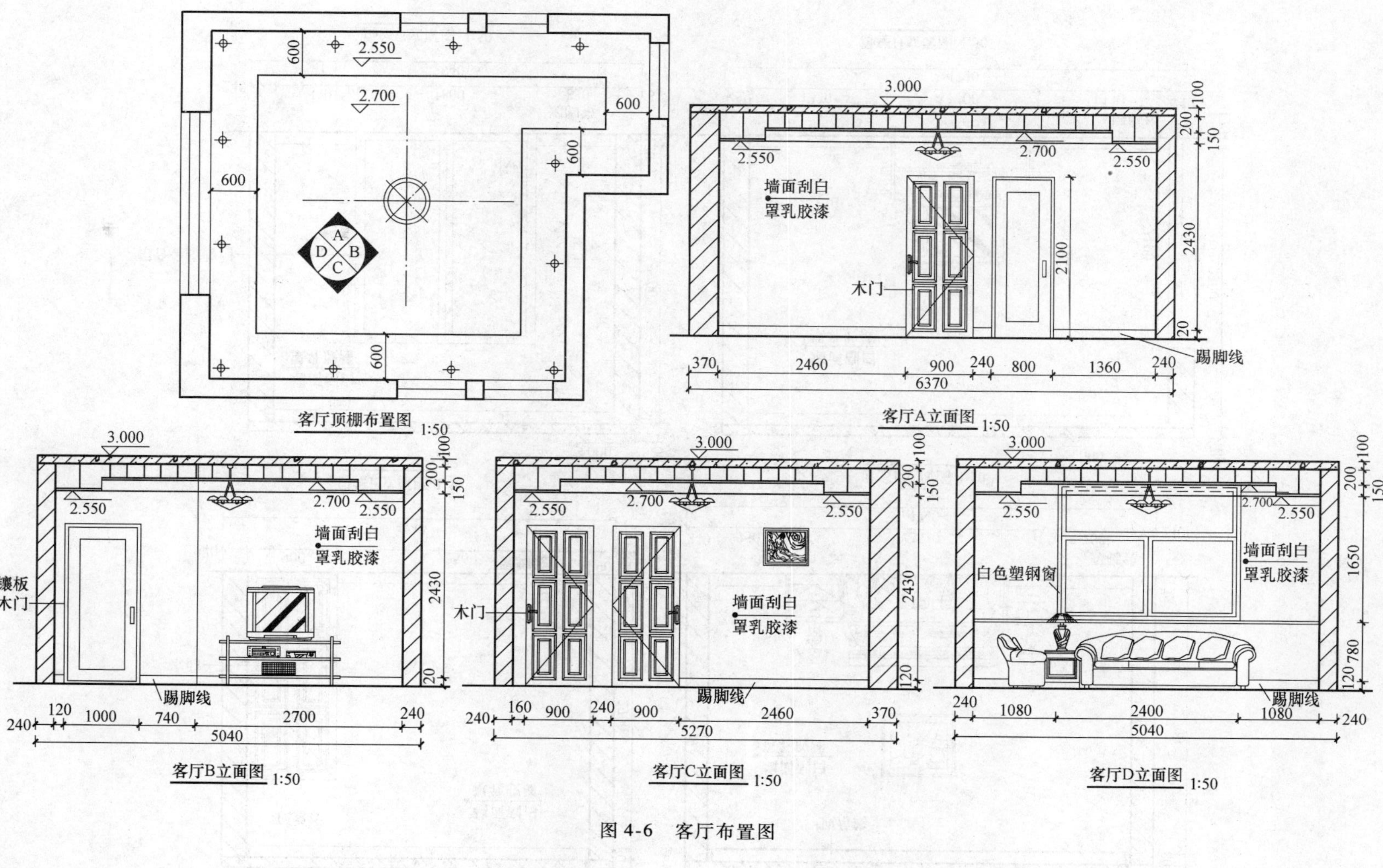

图 4-6 客厅布置图

3.000
顶角线
墙面刮白
罩乳胶漆
木门
踢脚线
卧室E立面图 1:50
卧室F立面图 1:50
铝合金推拉门
卧室G立面图 1:50
卧室H立面图 1:50
3940
4740
2700
2100

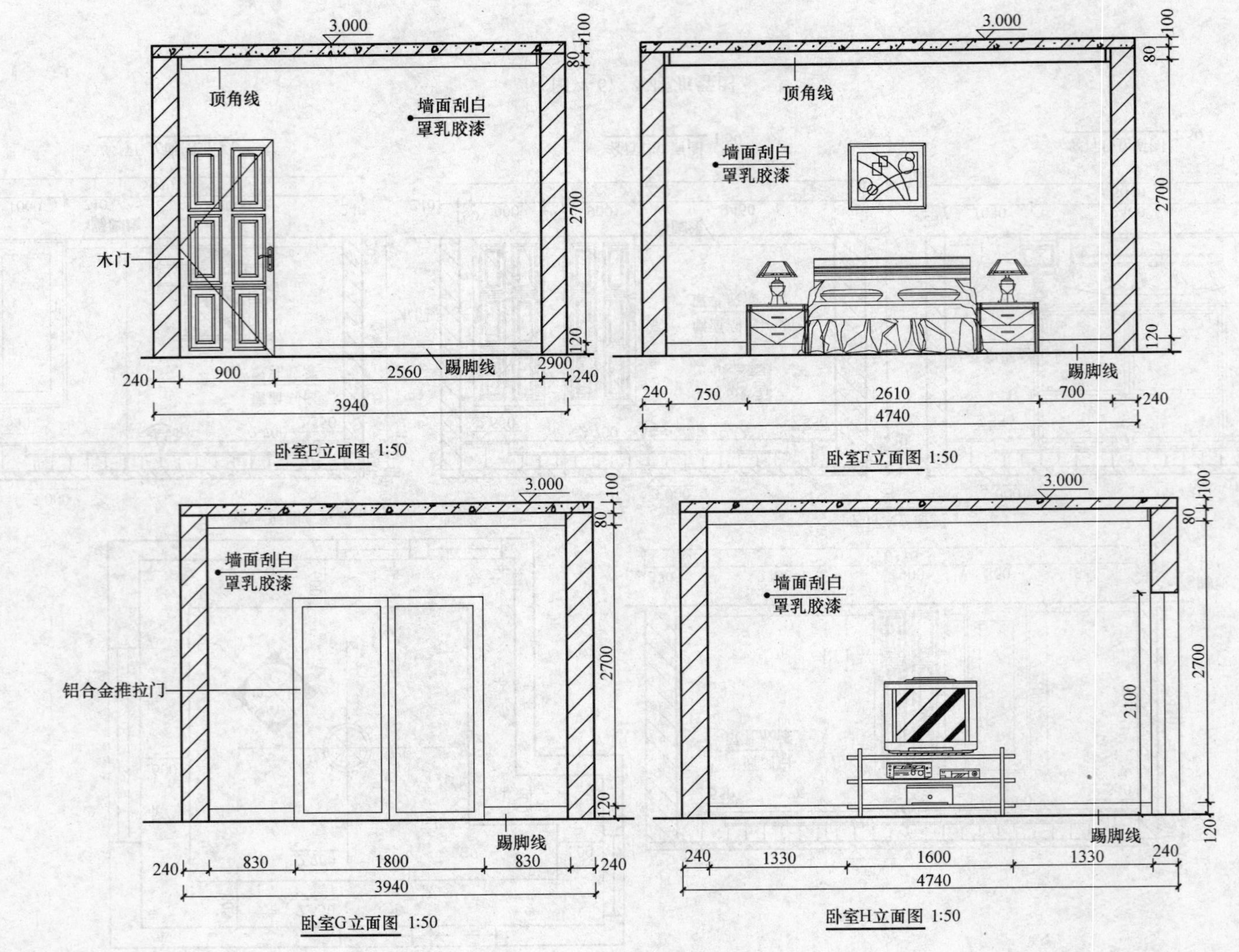

图 4-7 卧室布置图

思考题与习题

1. 建筑装饰工程造价费用是由哪些费用构成的?

2. 何为规费? 该费用有何特点?

3. 定额计价法编制的计价文件有哪些内容?

4. 定额计价法编制计价文件的依据有哪些?

5. 简述定额计价法编制计价文件的步骤。

6. 工程量清单计价法编制的投标文件包括哪些内容?

7. 简述工程量清单计价法编制投标文件的步骤。

8. 比较定额计价法与工程量清单计价法的区别。

9. 为什么说工程量清单计价能适应市场经济发展的需要?

10. 某装饰工程项目窗户采用铝合金推拉窗，经计算其工程量为：铝合金推拉窗制作安装1666m^2，铝合金纱窗制作安装888m^2。经查《××省2005装饰装修工程消耗量定额价目汇总表》可知，铝合金推拉窗基价为18198.81元/100m^2，铝合金纱窗制安的基价为3947.95元/100m^2

(1) 计算该工程铝合金窗户的直接工程费共计多少?

(2) 假设该工程的施工技术措施费为1500元，施工组织措施费费率为3.5%，企业管理费费率为6%，规费费率为5.9%，利润率为6.5%，动态调整为160元，税率为3.36%。试根据你所在省定额计价的计价程序计算该项目的工程造价（要求在计算过程中把每一项的费用名称都写清楚）。

11. 图4-8为某房间平面图，房间地面做法：30mm厚C20细石混凝土找平层，面层600mm×600mm济南青花岗岩饰面板，150mm高北岳黑花岗岩踢脚线，用1:4水泥砂浆粘贴地面，1:2水泥砂浆粘贴踢脚线，结合层厚度地面为30mm、踢脚线20mm。要求对面层进行酸洗打蜡。门采用镶板木门，洞口尺寸为1000×2100，窗采用白色塑钢窗，洞口尺寸为1500×1800。

要求：编制花岗岩石材地面的工程量清单，以当地现行定额为组价定额，确定花岗岩石材地面的综合单价。

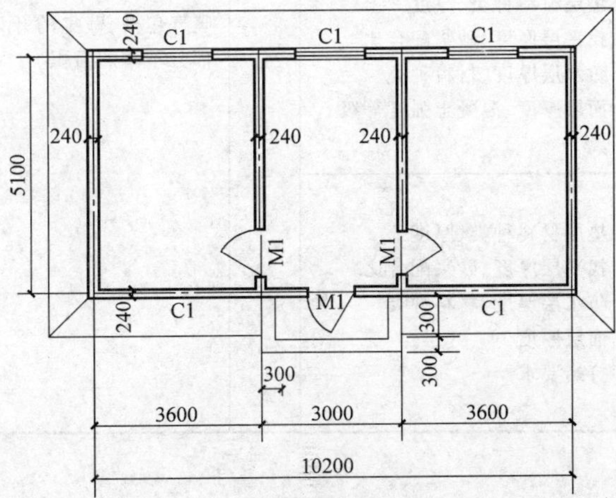

图4-8 某房间平面图

附录　装饰装修工程工程量清单项目及计算规则

B.1　楼地面工程

B.1.1　整体面层

工程量清单项目设置及工程量计算规则，应按表 B.1.1 的规定执行。

表 B.1.1　整体面层（编码：020101）

项目编码	项目名称	项目特征	计量单位	工程量计算规则	工程内容
020101001	水泥砂浆楼地面	1. 垫层材料种类、厚度 2. 找平层厚度、砂浆配合比 3. 防水层厚度、材料种类 4. 面层厚度、砂浆配合比	m^2	按设计图示尺寸以面积计算。扣除凸出地面构筑物、设备基础、室内铁道、地沟等所占面积，不扣除间壁墙和 $0.3m^2$ 以内的柱、垛、附墙烟囱及孔洞所占面积。门洞、空圈、暖气包槽、壁龛的开口部分不增加面积	1. 基层清理 2. 垫层铺设 3. 抹找平层 4. 防水层铺设 5. 抹面层 6. 材料运输
020101002	现浇水磨石楼地面	1. 垫层材料种类、厚度 2. 找平层厚度、砂浆配合比 3. 防水层厚度、材料种类 4. 面层厚度、水泥砂浆配合比 5. 嵌条材料种类、规格 6. 石子种类、规格、颜色 7. 颜料种类、颜色 8. 图案要求 9. 磨光、酸洗、打蜡要求			1. 基层清理 2. 垫层铺设 3. 抹找平层 4. 防水层铺设 5. 面层铺设 6. 嵌缝条安装 7. 磨光、酸洗、打蜡 8. 材料运输
020101003	细石混凝土楼地面	1. 垫层材料种类、厚度 2. 找平层厚度、砂浆配合比 3. 防水层厚度、材料种类 4. 面层厚度、混凝土强度等级			1. 基层清理 2. 垫层铺设 3. 抹找平层 4. 防水层铺设 5. 面层铺设 6. 材料运输
020101004	菱苦土楼地面	1. 垫层材料种类、厚度 2. 找平层厚度、砂浆配合比 3. 防水层厚度、材料种类 4. 面层厚度 5. 打蜡要求			1. 基层清理 2. 垫层铺设 3. 抹找平层 4. 防水层铺设 5. 面层铺设 6. 打蜡 7. 材料运输

B.1.2　块料面层

工程量清单项目设置及工程量计算规则，应按表 B.1.2 的规定执行。

表 B.1.2 块料面层（编码：020102）

项目编码	项目名称	项目特征	计量单位	工程量计算规则	工程内容
020102001	石材楼地面	1. 垫层材料种类、厚度 2. 找平层厚度、砂浆配合比 3. 防水层、材料种类 4. 填充材料种类、厚度 5. 结合层厚度、砂浆配合比 6. 面层材料品种、规格、品牌、颜色 7. 嵌缝材料种类 8. 防护层材料种类 9. 酸洗、打蜡要求	m^2	按设计图示尺寸以面积计算。扣除凸出地面构筑物、设备基础、室内铁道、地沟等所占面积，不扣除间壁墙和 $0.3m^2$ 以内的柱、垛、附墙烟囱及孔洞所占面积。门洞、空圈、暖气包槽、壁龛的开口部分不增加面积	1. 基层清理、铺设垫层、抹找平层 2. 防水层铺设、填充层铺设 3. 面层铺设 4. 嵌缝 5. 刷防护材料 6. 酸洗、打蜡 7. 材料运输
020102002	块料楼地面				

B.1.3 橡塑面层

工程量清单项目设置及工程量计算规则，应按表 B.1.3 的规定执行。

表 B.1.3 橡塑面层（编码：020103）

项目编码	项目名称	项目特征	计量单位	工程量计算规则	工程内容
020103001	橡胶板楼地面	1. 找平层厚度、砂浆配合比 2. 填充材料种类、厚度 3. 粘结层厚度、材料种类 4. 面层材料品种、规格、品牌、颜色 5. 压线条种类	m^2	按设计图示尺寸以面积计算。门洞、空圈、暖气包槽、壁龛的开口部分并入相应的工程量内	1. 基层清理、抹找平层 2. 铺设填充层 3. 面层铺贴 4. 压缝条装钉 5. 材料运输
020103002	橡胶卷材楼地面				
020103003	塑料板楼地面				
020103004	塑料卷材楼地面				

B.1.4 其他材料面层

工程量清单项目设置及工程量计算规则，应按表 B.1.4 的规定执行。

表 B.1.4 其他材料面层（编码：020104）

项目编码	项目名称	项目特征	计量单位	工程量计算规则	工程内容
020104001	楼地面地毯	1. 找平层厚度、砂浆配合比 2. 填充材料种类、厚度 3. 面层材料品种、规格、品牌、颜色 4. 防护材料种类 5. 粘结材料种类 6. 压线条种类	m^2	按设计图示尺寸以面积计算。门洞、空圈、暖气包槽、壁龛的开口部分并入相应的工程量内	1. 基层清理、抹找平层 2. 铺设填充层 3. 铺贴面层 4. 刷防护材料 5. 装钉压条 6. 材料运输
020104002	竹木地板	1. 找平层厚度、砂浆配合比 2. 填充材料种类、厚度、找平层厚度、砂浆配合比 3. 龙骨材料种类、规格、铺设间距 4. 基层材料种类、规格 5. 面层材料品种、规格、品牌、颜色 6. 粘结材料种类 7. 防护材料种类 8. 油漆品种、刷漆遍数	m^2	按设计图示尺寸以面积计算。门洞、空圈、暖气包槽、壁龛的开口部分并入相应的工程量内	1. 基层清理、抹找平层 2. 铺设填充层 3. 龙骨铺设 4. 铺贴基层 5. 面层铺设 6. 刷防护材料 7. 材料运输

（续）

项目编码	项目名称	项 目 特 征	计量单位	工程量计算规则	工 程 内 容
020104003	防静电活动地板	1. 找平层厚度、砂浆配合比 2. 填充材料种类、厚度、找平层厚度、砂浆配合比 3. 支架高度、材料种类 4. 面层材料品种、规格、品牌、颜色 5. 防护材料种类	m^2	按设计图示尺寸以面积计算。门洞、空圈、暖气包槽、壁龛的开口部分并入相应的工程量内	1. 基层清理、抹找平层 2. 铺设填充层 3. 固定支架安装 4. 活动面层安装 5. 刷防护材料 6. 材料运输
020104004	金属复合地板	1. 找平层厚度、砂浆配合比 2. 填充材料种类、厚度、找平层厚度、砂浆配合比 3. 龙骨材料种类、规格、铺设间距 4. 基层材料种类、规格 5. 面层材料品种、规格、品牌 6. 防护材料种类			1. 基层清理、抹找平层 2. 铺设填充层 3. 龙骨铺设 4. 基层铺贴 5. 面层铺贴 6. 刷防护材料 7. 材料运输

B. 1. 5　踢脚线

工程量清单项目设置及工程量计算规则，应按表 B. 1. 5 的规定执行。

表 B. 1. 5　踢脚线（编码：020105）

项目编码	项目名称	项 目 特 征	计量单位	工程量计算规则	工 程 内 容
020105001	水泥砂浆踢脚线	1. 踢脚线高度 2. 底层厚度、砂浆配合比 3. 面层厚度、砂浆配合比	m^2	按设计图示尺寸长度乘以高度以面积计算	1. 基层清理 2. 底层抹灰 3. 面层铺贴 4. 勾缝 5. 磨光、酸洗、打醋 6. 刷防护材料 7. 材料运输
020105002	石材踢脚线	1. 踢脚线高度 2. 底层厚度、砂浆配合比 3. 粘贴层厚度、材料种类 4. 面层材料品种、规格、品牌、颜色 5. 勾缝材料种类 6. 防护材料种类			
020105003	块料踢脚线				
020105004	现浇水磨石踢脚线	1. 踢脚线高度 2. 底层厚度、砂浆配合比 3. 面层厚度、水泥石子浆配合比 4. 石子种类、规格、颜色 5. 颜料种类、颜色 6. 磨光、酸洗、打蜡要求			
020105005	塑料板踢脚线	1. 踢脚线高度 2. 底层厚度、砂浆配合比 3. 粘结层厚度、材料种类 4. 面层材料种类、规格、品牌、颜色			
020105006	木质踢脚线	1. 踢脚线高度 2. 底层厚度、砂浆配合比 3. 基层材料种类、规格 4. 面层材料种类、规格、品牌、颜色 5. 防护材料种类 6. 油漆品种、刷漆遍数			1. 基层清理 2. 底层抹灰 3. 基层铺贴 4. 面层铺贴 5. 刷防护材料 6. 刷油漆 7. 材料运输
020105007	金属踢脚线				
020105008	防静电踢脚线				

B.1.6 楼梯装饰

工程量清单项目设置及工程量计算规则，应按表 B.1.6 的规定执行。

表 B.1.6 楼梯装饰（编码：020106）

<table>
<tr><th>项目编码</th><th>项目名称</th><th>项 目 特 征</th><th>计量单位</th><th>工程量计算规则</th><th>工 程 内 容</th></tr>
<tr><td>020106001</td><td>石材楼梯面层</td><td rowspan="2">1. 找平层厚度、砂浆配合比
2. 贴结层厚度、材料种类
3. 面层材料种类、规格、品牌、颜色
4. 防滑条材料种类、规格
5. 勾缝材料种类
6. 防护层材料种类
7. 酸洗、打蜡要求</td><td rowspan="6">m^2</td><td rowspan="6">按设计图示尺寸以楼梯(包括踏步、休息平台及500mm以内的楼梯井)水平投影面积计算。楼梯与楼地面相连时，算至梯口梁内侧边沿；无梯口梁者，算至最上一层踏步边沿加300mm</td><td rowspan="2">1. 基层清理
2. 抹找平层
3. 面层铺贴
4. 贴嵌防滑条
5. 勾缝
6. 刷防护材料
7. 酸洗、打蜡
8. 材料运输</td></tr>
<tr><td>020106002</td><td>块料楼梯面层</td></tr>
<tr><td>020106003</td><td>水泥砂浆楼梯面</td><td>1. 找平层厚度、砂浆配合比
2. 贴结层厚度、材料种类
3. 防滑条材料种类、规格</td><td>1. 基层清理
2. 抹找平层
3. 抹面层
4. 装防滑条
5. 材料运输</td></tr>
<tr><td>020106004</td><td>现浇水磨石楼梯面</td><td>1. 找平层厚度、砂浆配合比
2. 面层厚度、水泥石子砂浆配合比
3. 防滑条材料种类、规格
4. 石子种类、规格、颜色
5. 颜料种类、颜色
6. 磨光、酸洗、打蜡要求</td><td>1. 基层清理
2. 抹找平层
3. 抹面层
4. 贴嵌防滑条
5. 磨光、酸洗、打蜡
6. 材料运输</td></tr>
<tr><td>020106005</td><td>地毯楼梯面</td><td>1. 基层种类
2. 找平层厚度、砂浆配合比
3. 面层材料品种、规格、品牌、颜色
4. 防护材料种类
5. 粘结材料种类
6. 固定配件材料种类、规格</td><td>1. 基层清理
2. 抹找平层
3. 铺贴面层
4. 固定配件安装
5. 刷防护材料
6. 材料运输</td></tr>
<tr><td>020106006</td><td>木板楼梯面</td><td>1. 找平层厚度、砂浆配合比
2. 基层材料种类、规格
3. 面层材料品种、规格、品牌、颜色
4. 粘结材料种类
5. 防护材料种类
6. 油漆品种、刷漆遍数</td><td>1. 基层清理
2. 抹找平层
3. 基层铺贴
4. 面层铺贴
5. 刷防护材料、油漆
6. 材料运输</td></tr>
</table>

B.1.7 扶手、栏杆、栏板装饰

工程量清单项目设置及工程量计算规则，应按表 B.1.7 的规定执行。

表 B.1.7 扶手、栏杆、栏板装饰（编码：020107）

<table>
<tr><th>项目编码</th><th>项目名称</th><th>项 目 特 征</th><th>计量单位</th><th>工程量计算规则</th><th>工 程 内 容</th></tr>
<tr><td>020107001</td><td>金属扶手带栏杆、栏板</td><td rowspan="3">1. 扶手材料种类、规格、品种、颜色
2. 栏杆材料种类、规格、品种、颜色
3. 栏板材料种类、规格、品种、颜色
4. 固定配件种类
5. 防护材料种类
6. 油漆品种、刷漆遍数</td><td rowspan="3">m</td><td rowspan="3">按设计图示尺寸以扶手中心线长度(包括弯头长度)计算</td><td rowspan="3">1. 制作
2. 运输
3. 安装
4. 刷防护材料
5. 刷油漆</td></tr>
<tr><td>020107002</td><td>硬木扶手带栏杆、栏板</td></tr>
<tr><td>020107003</td><td>塑料扶手带栏杆、栏板</td></tr>
</table>

（续）

项目编码	项目名称	项 目 特 征	计量单位	工程量计算规则	工 程 内 容
020107004	金属靠墙扶手	1. 扶手材料种类、规格、品牌、颜色 2. 固定配件种类 3. 防护材料种类 4. 油漆品种、刷漆遍数	m	按设计图示尺寸以扶手中心线长度(包括弯头长度)计算	1. 制作 2. 运输 3. 安装 4. 刷防护材料 5. 刷油漆
020107005	硬木靠墙扶手				
020107006	塑料靠墙扶手				

B. 1. 8　台阶装饰

工程量清单项目设置及工程量计算规则，应按表 B. 1. 8 的规定执行。

表 B. 1. 8　台阶装饰（编码：020108）

项目编码	项目名称	项 目 特 征	计量单位	工程量计算规则	工 程 内 容
020108001	石材台阶面	1. 垫层材料种类、厚度 2. 找平层厚度、砂浆配合比 3. 粘结层材料种类 4. 面层材料品种、规格、品牌、颜色 5. 勾缝材料种类 6. 防滑条材料种类、规格 7. 防护材料种类	m^2	按设计图示尺寸以台阶(包括最上层踏步边沿加300mm)水平投影面积计算	1. 基层清理 2. 铺设垫层 3. 抹找平层 4. 面层铺贴 5. 贴嵌防滑条 6. 勾缝 7. 刷防护材料 8. 材料运输
020108002	块料台阶面				
020108003	水泥砂浆台阶面	1. 垫层材料种类、厚度 2. 找平层厚度、砂浆配合比 3. 面层厚度、砂浆配合比 4. 防滑条材料种类、规格			1. 清理基层 2. 铺设垫层 3. 抹找平层 4. 抹面层 5. 抹防滑条 6. 材料运输
020108004	现浇水磨石台阶面	1. 垫层材料种类、厚度 2. 找平层厚度、砂浆配合比 3. 面层厚度、水泥石子浆配合比 4. 防滑条材料种类、规格 5. 石子种类、规格、颜色 6. 颜料种类、颜色 7. 磨光、酸洗、打蜡要求			1. 清理基层 2. 铺设垫层 3. 抹找平层 4. 抹面层 5. 贴嵌防滑条 6. 打磨、酸洗、打蜡 7. 材料运输
020108005	剁假石台阶面	1. 垫层材料种类、厚度 2. 找平层厚度、砂浆配合比 3. 面层厚度、砂浆配合比 4. 剁假石要求			1. 清理基层 2. 铺设垫层 3. 抹找平层 4. 抹面层 5. 剁假石 6. 材料运输

B. 1. 9　零星装饰项目

工程量清单项目设置及工程量计算规则，应按表 B. 1. 9 的规定执行。

B. 1. 10　其他相关问题应按下列规定处理：

1. 楼梯、阳台、走廊、回廊及其他的装饰性扶手、栏杆、栏板，应按 B. 1. 7 项目编码列项。

2. 楼梯、台阶侧面装饰，0.5m^2 以内少量分散的楼地面装修，应按 B.1.9 中项目编码列项。

表 B.1.9 零星装饰项目（编码：020109）

项目编码	项目名称	项 目 特 征	计量单位	工程量计算规则	工 程 内 容
020109001	石材零星项目	1. 工程部位 2. 找平层厚度、砂浆配合比 3. 贴结合层厚度、材料种类 4. 面层材料品种、规格、品牌、颜色 5. 勾缝材料种类 6. 防护材料种类 7. 酸洗、打蜡要求	m^2	按设计图示尺寸以面积计算	1. 清理基层 2. 抹找平层 3. 面层铺贴 4. 勾缝 5. 刷防护材料 6. 酸洗、打蜡 7. 材料运输
020109002	碎拼石材零星项目				
020109003	块料零星项目				
020109004	水泥砂浆零星项目	1. 工程部位 2. 找平层厚度、砂浆配合比 3. 面层厚度、砂浆厚度			1. 清理基层 2. 抹找平层 3. 抹面层 4. 材料运输

B.2 墙、柱面工程

B.2.1 墙面抹灰

工程量清单项目设置及工程量计算规则，应按表 B.2.1 的规定执行。

表 B.2.1 墙面抹灰（编码：020201）

项目编码	项目名称	项 目 特 征	计量单位	工程量计算规则	工 程 内 容
020201001	墙面一般抹灰	1. 墙体类型 2. 底层厚度、砂浆配合比 3. 面层厚度、砂浆配合比 4. 装饰面材料种类 5. 分格缝宽度、材料种类	m^2	按设计图示尺寸以面积计算。扣除墙裙、门窗洞口及单个 0.3m^2 以外的孔洞面积，不扣除踢脚线、挂镜线和墙与构件交接处的面积，门窗洞口和孔洞的侧壁及顶面不增加面积。附墙柱、梁、垛、烟囱侧壁并入相应的墙面面积内 1. 外墙抹灰面积按外墙垂直投影面积计算 2. 外墙裙抹灰面积按主墙间的净长乘以高度计算 3. 内墙抹灰面积按主墙内楼地面至顶棚底面计算 （1）无墙裙的，高度按室内楼地面至顶棚底面计算 （2）有墙裙的，高度按墙裙顶至顶棚底面计算 4. 内墙裙抹灰面按内墙净长乘以高度计算	1. 基层清理 2. 砂浆制作、运输 3. 底层抹灰 4. 抹面层 5. 抹装饰面 6. 勾分格缝
020201002	墙面装饰抹灰				
020201003	墙面勾缝	1. 墙体类型 2. 勾缝类型 3. 勾缝材料种类			1. 基层清理 2. 砂浆制作、运输 3. 勾缝

B.2.2 柱面抹灰

工程量清单项目设置及工程量计算规则，应按表 B.2.2 的规定执行。

表 B.2.2 柱面抹灰（编码：020202）

项目编码	项目名称	项目特征	计量单位	工程量计算规则	工程内容
020202001	柱面一般抹灰	1. 柱体类型 2. 底层厚度、砂浆配合比 3. 面层厚度、砂浆配合比 4. 装饰面材料种类 5. 分格缝宽度、材料种类	m^2	按设计图示柱断面周长乘以高度以面积计算	1. 基层清理 2. 砂浆制作、运输 3. 底层抹灰 4. 抹面层 5. 抹装饰面 6. 勾分格缝
020202002	柱面装饰抹灰				
020202003	柱面勾缝	1. 墙体类型 2. 勾缝类型 3. 勾缝材料种类			1. 基层清理 2. 砂浆制作、运输 3. 勾缝

B.2.3 零星抹灰

工程量清单项目设置及工程量计算规则，应按表 B.2.3 的规定执行。

表 B.2.3 零星抹灰（编码：020203）

项目编码	项目名称	项目特征	计量单位	工程量计算规则	工程内容
020203001	零星项目一般抹灰	1. 墙体类型 2. 底层厚度、砂浆配合比 3. 面层厚度、砂浆配合比 4. 装饰面材料种类 5. 分格缝宽度、材料种类	m^2	按设计图示尺寸以面积计算	1. 基层清理 2. 砂浆制作、运输 3. 底层抹灰 4. 抹面层 5. 抹装饰面 6. 勾分格缝
020203002	零星项目装饰抹灰				

B.2.4 墙面镶贴块料

工程量清单项目设置及工程量规则，应按表 B.2.4 的规定执行。

表 B.2.4 墙面镶贴块料（编码：020204）

项目编码	项目名称	项目特征	计量单位	工程量计算规则	工程内容
020204001	石材墙面	1. 墙体类型 2. 底层厚度、砂浆配合比 3. 贴结层厚度、材料种类 4. 挂贴方式 5. 干挂方式（膨胀螺栓、钢龙骨） 6. 面层材料品种、规格、品牌、颜色 7. 缝宽、嵌缝材料种类 8. 防护材料种类 9. 磨光、酸洗、打蜡要求	m^2	按图示尺寸以镶贴表面积计算	1. 基层清理 2. 砂浆制作、运输 3. 底层抹灰 4. 结合层铺贴 5. 面层铺贴 6. 面层挂贴 7. 面层干挂 8. 嵌缝 9. 刷防护材料 10. 磨光、酸洗、打蜡
020204002	碎拼石材墙面				
020204003	块料墙面				
020204004	干挂石材钢骨架	1. 骨架种类、规格 2. 油漆品种、刷油遍数	t	按设计图示尺寸以质量计算	1. 骨架制作、运输、安装 2. 骨架油漆

B.2.5 柱面镶贴材料

工程量清单项目设置及工程量计算规则，应按表 B.2.5 的规定执行。

表 B.2.5 柱面镶贴材料（编码：020205）

<table>
<tr><th>项目编码</th><th>项目名称</th><th>项目特征</th><th>计量单位</th><th>工程量计算规则</th><th>工程内容</th></tr>
<tr><td>020205001</td><td>石材柱面</td><td rowspan="3">1. 柱体材料
2. 柱截面类型、尺寸
3. 底层厚度、砂浆配合比
4. 粘结层厚度、材料种类
5. 挂贴方式
6. 干贴方式
7. 面层材料品种、规格、品牌、颜色
8. 缝宽、嵌缝材料种类
9. 防护材料种类
10. 磨光、酸洗、打蜡要求</td><td rowspan="5">m^2</td><td rowspan="5">按设计图示尺寸以镶贴表面积计算</td><td rowspan="3">1. 基层清理
2. 砂浆制作、运输
3. 底层抹灰
4. 结合层铺贴
5. 面层铺贴
6. 面层挂贴
7. 面层干挂
8. 嵌缝
9. 刷防护材料
10. 磨光、酸洗、打蜡</td></tr>
<tr><td>020205002</td><td>拼碎石材柱面</td></tr>
<tr><td>020205003</td><td>块料柱面</td></tr>
<tr><td>020205004</td><td>石材梁面</td><td rowspan="2">1. 底层厚度、砂浆配合比
2. 黏结层厚度、材料种类
3. 面层材料品种、规格、品牌、颜色
4. 缝宽、嵌缝材料种类
5. 防护材料种类
6. 磨光、酸洗、打蜡要求</td><td rowspan="2">1. 基层清理
2. 砂浆制作、运输
3. 底层抹灰
4. 结合层铺贴
5. 面层铺贴
6. 面层干挂
7. 嵌缝
8. 刷防护材料
9. 磨光、酸洗、打蜡</td></tr>
<tr><td>020205005</td><td>块料梁面</td></tr>
</table>

B.2.6 零星镶贴材料

工程量清单项目设置及工程量计算规则，应按表 B.2.6 的规定执行。

表 B.2.6 零星镶贴材料（编码：020206）

<table>
<tr><th>项目编码</th><th>项目名称</th><th>项目特征</th><th>计量单位</th><th>工程量计算规则</th><th>工程内容</th></tr>
<tr><td>020206001</td><td>石材零星项目</td><td rowspan="3">1. 柱、墙体类型
2. 底层厚度、砂浆配合比
3. 黏结层厚度、材料种类
4. 挂贴方式
5. 干挂方式
6. 面层材料品种、规格、品牌、颜色
7. 缝宽、嵌缝材料种类
8. 防护材料种类
9. 磨光、酸洗、打蜡要求</td><td rowspan="3">m^2</td><td rowspan="3">按设计图示尺寸以镶贴表面积计算</td><td rowspan="3">1. 基层清理
2. 砂浆制作、运输
3. 底层抹灰
4. 结合层铺贴
5. 面层铺贴
6. 面层挂贴
7. 面层干挂
8. 嵌缝
9. 刷防护材料
10. 磨光、酸洗、打蜡</td></tr>
<tr><td>020206002</td><td>拼碎石材零星项目</td></tr>
<tr><td>020206003</td><td>块料零星项目</td></tr>
</table>

B.2.7 墙饰面

工程量清单项目设置及工程量计算规则，应按表 B.2.7 的规定执行。

B.2.8 柱（梁）饰面

工程量清单项目设置及工程量计算规则，应按表 B.2.8 的规定执行。

B.2.9 隔断

工程量清单项目设置及工程量计算规则，应按表B.2.9的规定执行。

表B.2.7 墙饰面（编码：020207）

项目编码	项目名称	项目特征	计量单位	工程量计算规则	工程内容
020207001	装饰板墙面	1. 墙体类型 2. 底层厚度、砂浆配合比 3. 龙骨材料种类、规格、中距 4. 隔离层材料种类、规格 5. 基层材料种类、规格 6. 面层材料品种、规格、品牌、颜色 7. 压条材料种类、规格 8. 防护材料种类 9. 油漆品种、刷漆遍数	m^2	按设计图示墙净长乘以净高以面积计算。扣除门窗洞口及单个0.3m^2以上的孔洞所占面积	1. 基层清理 2. 砂浆制作、运输 3. 底层抹灰 4. 龙骨制作、运输、安装 5. 钉隔离层 6. 基层铺钉 7. 面层铺贴 8. 刷防护材料、油漆

表B.2.8 柱（梁）饰面（编码：020208）

项目编码	项目名称	项目特征	计量单位	工程量计算规则	工程内容
020208001	柱(梁)面装饰	1. 柱(梁)体类型 2. 底层厚度、砂浆配合比 3. 龙骨材料种类、规格、中距 4. 隔离层材料种类 5. 基层材料种类、规格 6. 面层材料品种、规格、品牌、颜色 7. 压条材料种类、规格 8. 防护材料种类 9. 油漆品种、刷漆遍数	m^2	按设计图示饰面外围尺寸以面积计算。柱帽、柱墩并入相应柱饰面工程量内	1. 清理基层 2. 砂浆制作、运输 3. 底层抹灰 4. 龙骨制作、运输、安装 5. 钉隔离层 6. 基层铺钉 7. 面层铺贴 8. 刷防护材料、油漆

表B.2.9 隔断（编码：020209）

项目编码	项目名称	项目特征	计量单位	工程量计算规则	工程内容
020209001	隔断	1. 骨架、边框材料种类、规格 2. 隔离材料品种、规格、品牌、颜色 3. 嵌缝、塞口材料品种 4. 压条材料种类 5. 防护材料种类 6. 油漆品种、刷漆遍数	m^2	按设计图示框外围尺寸以面积计算。扣除单个0.3m^2以上的孔洞所占面积；浴厕门的材质与隔断相同时，门的面积并入隔断面积内	1. 骨架及边框制作、运输、安装 2. 隔板制作、运输、安装 3. 嵌缝、塞口 4. 装钉压条 5. 刷防护材料、油漆

B.2.10 幕墙

工程量清单项目设置及工程量计算规则，应按表B.2.10的规定执行。

表B.2.10 幕墙（编码：020210）

项目编码	项目名称	项目特征	计量单位	工程量计算规则	工程内容
020210001	带骨架幕墙	1. 骨架材料种类、规格、中距 2. 面层材料品种、规格、品牌、颜色 3. 面层固定方式 4. 嵌缝、塞口材料种类	m^2	按设计图示框外围尺寸以面积计算。与幕墙同种材质的窗所占面积不扣除	1. 骨架制作、运输、安装 2. 面层安装 3. 嵌缝、塞口 4. 清洗
020210002	全玻幕墙	1. 玻璃品种、规格、品牌、颜色 2. 粘结塞口材料种类 3. 固定方式	m^2	按设计图示尺寸以面积计算。带肋全玻幕墙按展开面积计算	1. 幕墙安装 2. 嵌缝、塞口 3. 清洗

B. 2. 11 其他相关问题应按下列规定处理：

1. 石灰砂浆、水泥砂浆、水泥混合砂浆、聚合物水泥砂浆、麻刀石灰、纸筋石灰、石膏灰等的抹灰应按 B. 2. 1 中一般抹灰项目编码列项；水刷石、斩假石（剁斧石、剁假石）、干粘石、假面砖等的抹灰应按 B. 2. 1 中装饰抹灰项目编码列项。

2. 0. 5m^2 以内少量分散的抹灰和镶贴块料面层，应按 B. 2. 1 和 B. 2. 6 中相关项目编码列项。

B. 3 顶棚工程

B. 3. 1 顶棚抹灰

工程量清单项目设置及工程量计算规则，应按表 B. 3. 1 的规定执行。

表 B. 3. 1 顶棚抹灰（编码：020301）

项目编码	项目名称	项目特征	计量单位	工程量计算规则	工程内容
020301001	顶棚抹灰	1. 基层类型 2. 抹灰厚度、材料种类 3. 装饰线条道数 4. 砂浆配合比	m^2	按设计图示尺寸以水平投影面积计算。不扣除间壁墙、垛、柱、附墙烟囱、检查口和管道所占的面积，带梁顶棚、梁两侧抹灰面积并入顶棚面积内，板式楼梯底面抹灰按斜面积计算，锯齿形楼梯底板抹灰按展开面积计算	1. 基层清理 2. 底层抹灰 3. 抹面层 4. 抹装饰线条

B. 3. 2 顶棚吊顶

工程量清单项目设置及工程量计算规则，应按表 B. 3. 2 的规定执行。

表 B. 3. 2 顶棚吊顶（编码：020302）

项目编码	项目名称	项目特征	计量单位	工程量计算规则	工程内容
020302001	顶棚吊顶	1. 吊顶形式 2. 龙骨类型、材料种类、规格、中距 3. 基层材料种类、规格 4. 面层材料品种、规格、品牌、颜色 5. 压条材料种类、规格 6. 嵌缝材料种类 7. 防护材料种类 8. 油漆品种、刷漆遍数	m^2	按设计图示尺寸以水平投影面积计算。顶棚面中的灯槽及跌级、锯齿形、吊挂式、藻井式顶棚面积不展开计算。不扣除间壁墙、检查口、附墙烟囱、柱垛和管道所占面积，扣除单个 0.3m^2 以外的孔洞、独立柱及与顶棚相连的窗帘盒所占的面积	1. 基层清理 2. 龙骨安装 3. 基层板铺贴 4. 面层铺贴 5. 嵌缝 6. 刷防护材料、油漆
020302002	格栅吊顶	1. 龙骨类型、材料种类、规格、中距 2. 基层材料种类、规格 3. 面层材料品种、规格、品牌、颜色 4. 防护材料种类 5. 油漆品种、刷漆遍数		按设计图示尺寸以水平投影面积计算	1. 基层清理 2. 底层抹灰 3. 安装龙骨 4. 基层板铺贴 5. 面层铺贴 6. 刷防护材料、油漆
020302003	吊筒吊顶	1. 底层厚度、砂浆配合比 2. 吊筒形状、规格、颜色、材料种类 3. 防护材料种类 4. 油漆品种、刷漆遍数			1. 基层清理 2. 底层抹灰 3. 吊筒安装 4. 刷防护材料、油漆

（续）

项目编码	项目名称	项目特征	计量单位	工程量计算规则	工程内容
020302004	藤条造型悬挂吊顶	1. 底层厚度、砂浆配合比 2. 骨架材料种类、规格 3. 面层材料品种、规格、颜色 4. 防护层材料种类 5. 油漆品种、刷漆遍数	m²	按设计图示尺寸以水平投影面积计算	1. 基层清理 2. 底层抹灰 3. 龙骨安装 4. 铺贴面层 5. 刷防护材料、油漆
020302005	织物软雕吊顶				
020302006	网架（装饰）吊顶	1. 底层厚度、砂浆配合比 2. 面层材料品种、规格、颜色 3. 防护材料品种 4. 油漆品种、刷漆遍数			1. 基层清理 2. 底面抹灰 3. 面层安装 4. 刷防护材料、油漆

B.3.3 顶棚其他装饰

工程量清单项目设置及工程量计算规则，应按表B.3.3的规定执行。

表B.3.3 顶棚其他装饰（编码：020303）

项目编码	项目名称	项目特征	计量单位	工程量计算规则	工程内容
020303001	灯带	1. 灯带形式、尺寸 2. 格栅片材料品种、规格、品牌、颜色 3. 安装固定方式	m²	按设计图示尺寸以框外围面积计算	安装、固定
020303002	送风口、回风口	1. 风口材料品种、规格、品牌、颜色 2. 安装固定方式 3. 防护材料种类		按设计图示数量计算	1. 安装、固定 2. 刷防护材料

B.3.4 采光顶棚和顶棚设保温隔热吸音层时，应按A.8中相关项目编码列项。

B.4 门窗工程

B.4.1 木门

工程量清单项目设置及工程量计算规则，应按表B.4.1的规定执行。

表B.4.1 木门（编码：020401）

项目编码	项目名称	项目特征	计量单位	工程量计算规则	工程内容
020401001	镶板木门	1. 门类型 2. 框截面尺寸、单扇面积 3. 骨架材料种类 4. 面层材料品种、规格、品牌、颜色 5. 玻璃品种、厚度、五金材料、品种、规格 6. 防护材料种类 7. 油漆品种、刷漆遍数	樘/m²	按设计图示数量或设计图示洞口尺寸以面积计算	1. 门制作、运输、安装 2. 五金、玻璃安装 3. 刷防护材料、油漆
020401002	企口木板门				
020401003	实木装饰门				
020401004	胶合板门				

（续）

项目编码	项目名称	项目特征	计量单位	工程量计算规则	工程内容
020401005	夹板装饰门	1. 门类型 2. 框截面尺寸、扇面积 3. 骨架材料种类 4. 防火材料种类 5. 门纱材料品种、规格 6. 面层材料品种、规格、品牌、颜色 7. 玻璃品种、厚度、五金材料、品种、规格 8. 防护材料种类 9. 油漆品种、刷漆遍数	樘/m^2	按设计图示数量或设计图示洞口尺寸以面积计算	1. 门制作、运输、安装 2. 五金、玻璃安装 3. 刷防护材料、油漆
020401006	木质防火门				
020401007	木纱门				
020401008	连窗门	1. 门窗类型 2. 框截面尺寸、单扇面积 3. 骨架材料种类 4. 面层材料品种、规格、品牌、颜色 5. 玻璃品种、厚度、五金材料、品种、规格 6. 防护材料种类 7. 油漆品种、刷漆遍数			

B. 4. 2　金属门

工程量清单项目设置及工程量计算规则，应按表 B. 4. 2 的规定执行。

表 B. 4. 2　金属门（编码：020402）

项目编码	项目名称	项目特征	计量单位	工程量计算规则	工程内容
020402001	金属平开门	1. 门类型 2. 框材质、外围尺寸 3. 扇材质、外围尺寸 4. 玻璃品种、厚度、五金材料、品种、规格 5. 防护材料种类 6. 油漆品种、刷漆遍数	樘/m^2	按设计图示数量或设计图示洞口尺寸以面积计算	1. 门制作、运输、安装 2. 五金、玻璃安装 3. 刷防护材料、油漆
020402002	金属推拉门				
020402003	金属地弹门				
020402004	彩板门				
020402005	塑钢门				
020402006	防盗门				
020402007	钢质防火门				

B. 4. 3　金属卷帘门

工程量清单项目设置及工程量计算规则，应按表 B. 4. 3 的规定执行。

表 B. 4. 3　金属卷帘门（编码：020403）

项目编码	项目名称	项目特征	计量单位	工程量计算规则	工程内容
020403001	金属卷闸门	1. 门材质、框外围尺寸 2. 起动装置品种、规格、品牌 3. 五金材料、品种、规格 4. 防护材料种类 5. 油漆品种、刷漆遍数	樘/m^2	按设计图示数量或设计图示洞口尺寸以面积计算	1. 门制作、运输、安装 2. 起动装置、五金安装 3. 刷防护材料、油漆
020403002	金属格栅门				
020403003	防火卷帘门				

B.4.4 其他门

工程量清单项目设置及工程量计算规则，应按表 B.4.4 的规定执行。

表 B.4.4 其他门（编码：020404）

项目编码	项目名称	项 目 特 征	计量单位	工程量计算规则	工 程 内 容
020404001	电子感应门	1. 门材质、品牌、外围尺寸 2. 玻璃品种、厚度、五金材料、品种、规格 3. 电子配件品种、规格、品牌 4. 防护层材料种类 5. 油漆品种、刷漆遍数	樘/m^2	按设计图示数量或设计图示洞口尺寸以面积计算	1. 门制作、运输、安装 2. 五金、玻璃安装 3. 刷防护材料、油漆
020404002	转门				
020404003	电子对讲门				
020404004	电动伸缩门				
020404005	全玻门（带扇框）	1. 门类型 2. 框材质、外围尺寸 3. 扇材质、外围尺寸 4. 玻璃品种、厚度、五金材料、品种、规格 5. 防护材料种类 6. 油漆品种、刷漆遍数			1. 门制作、运输、安装 2. 五金安装 3. 刷防护材料、油漆
020404006	全玻自由门（无扇框）				
020404007	半玻门（带扇框）				
020404008	镜面不锈钢饰面门				1. 门扇骨架及基层制作、运输、安装 2. 包面层 3. 五金安装 4. 刷防护材料

B.4.5 木窗

工程量清单项目设置及工程量计算规则，应按表 B.4.5 的规定执行。

表 B.4.5 木窗（编码：020405）

项目编码	项目名称	项 目 特 征	计量单位	工程量计算规则	工 程 内 容
020405001	木质平开窗	1. 窗类型 2. 框材质、外围尺寸 3. 扇材质、外围尺寸 4. 玻璃品种、厚度、五金材料、品种、规格 5. 防护材料种类 6. 油漆品种、刷漆遍数	樘/m^2	按设计图示数量或设计图示洞口尺寸以面积计算	1. 窗制作、运输、安装 2. 五金、玻璃安装 3. 刷防护材料、油漆
020405002	木质推拉窗				
020405003	矩形木百叶窗				
020405004	异形木百叶窗				
020405005	木组合窗				
020405006	木天窗				
020405007	矩形木固定窗				
020405008	异形木固定窗				
020405009	装饰空花木窗				

B.4.6 金属窗

工程量清单项目设置及工程量计算规则，应按表 B.4.6 的规定执行。

B.4.7 门窗套

工程量清单项目设置及工程量计算规则，应按表 B.4.7 的规定执行。

B.4.8 窗帘盒、窗帘轨

工程量清单项目设置及工程量计算规则，应按表 B.4.8 的规定执行。

表 B.4.6　金属窗（编码：020406）

项目编码	项目名称	项目特征	计量单位	工程量计算规则	工程内容
020406001	金属推拉窗	1. 窗类型 2. 框材质、外围尺寸 3. 扇材质、外围尺寸 4. 玻璃品种、厚度、五金材料、品种、规格 5. 防护材料种类 6. 油漆品种、刷漆遍数	樘/m^2	按设计图示数量或设计图示洞口尺寸以面积计算	1. 窗制作、运输、安装 2. 五金、玻璃安装 3. 刷防护材料、油漆
020406002	金属平开窗				
020406003	金属固定窗				
020406004	金属百叶窗				
020406005	金属组合窗				
020406006	彩板窗				
020406007	塑钢窗				
020406008	金属防盗窗				
020406009	金属格栅窗				
020406010	特殊五金	1. 五金名称、用途 2. 五金材料、品种、规格	个/套	按设计图示数量计算	1. 五金安装 2. 刷防护材料、油漆

表 B.4.7　门窗套（编码：020407）

项目编码	项目名称	项目特征	计量单位	工程量计算规则	工程内容
020407001	木门窗套	1. 底层厚度、砂浆配合比 2. 立筋材料种类、规格 3. 基层材料种类 4. 面层材料品种、规格、品种、品牌、颜色 5. 防护材料种类 6. 油漆品种、刷油遍数	m^2	按设计图示尺寸以展开面积计算	1. 清理基层 2. 底层抹灰 3. 立筋制作、安装 4. 基层板安装 5. 面层铺贴 6. 刷防护材料、油漆
020407002	金属门窗套				
020407003	石材门窗套				
020407004	门窗木贴脸				
020407005	硬木筒子板				
020407006	饰面夹板筒子板				

表 B.4.8　窗帘盒、窗帘轨（编码：020408）

项目编码	项目名称	项目特征	计量单位	工程量计算规则	工程内容
020408001	木窗帘盒	1. 窗帘盒材质、规格、颜色 2. 窗帘轨材质、规格 3. 防护材料种类 4. 油漆品种、刷漆遍数	m	按设计图示尺寸以长度计算	1. 制作、运输、安装 2. 刷防护材料、油漆
020408002	饰面夹板、塑料窗帘盒				
020408003	金属窗帘盒				
020408004	窗帘轨				

B.4.9　窗台板

工程量清单项目设置及工程量计算规则，应按表 B.4.9 的规定执行。

表 B.4.9　窗台板（编码：020409）

项目编码	项目名称	项目特征	计量单位	工程量计算规则	工程内容
020409001	木窗台板	1. 找平层厚度、砂浆配合比 2. 窗台板材质、规格、颜色 3. 防护材料种类 4. 油漆种类、刷漆遍数	m	按设计图示尺寸以长度计算	1. 基层清理 2. 抹找平层 3. 窗台板制作、安装 4. 刷防护材料、油漆
020409002	铝塑窗台板				
020409003	石材窗台板				
020409004	金属窗台板				

B.4.10 其他相关问题应按下列规定处理：

1. 玻璃、百叶面积占其门扇面积一半以内者应为半玻门或半百叶门，超过一半时应为全玻门或全百叶门。

2. 木门五金应包括：折页、插销、风钩、弓背拉手、搭扣、木螺钉、弹簧折页（自动门）、管子拉手（自由门、地弹门）、地弹簧（地弹门）、角铁、门轧头（地弹门、自由门）等。

3. 木窗五金应包括：折页、插销、风钩、木螺钉、滑轮滑轨（推拉窗）等。

4. 铝合金窗五金应包括：卡锁、滑轮、铰拉、执手、拉把、拉手、风撑、角码、牛角制等。

5. 铝合门五金应包括：地弹簧、门锁、拉手、门插、门铰、螺钉等。

6. 其他门五金应包括L形执手插锁（双舌）、球形执手锁（单舌）、门轧头、地锁、防盗门扣、门眼（猫眼）、门碰珠、电子销（磁卡销）、闭门器、装饰拉手等。

B.5 油漆、涂料、裱糊工程

B.5.1 门油漆

工程量清单项目设置及工程量计算规则，应按表B.5.1的规定执行。

表B.5.1 门油漆（编码：020501）

项目编码	项目名称	项目特征	计量单位	工程量计算规则	工程内容
020501001	门油漆	1. 门类型 2. 腻子种类 3. 刮腻子要求 4. 防护材料种类 5. 油漆品种、刷漆遍数	樘/m^2	按设计图示数量或设计图示洞口尺寸以面积计算	1. 基层清理 2. 刮腻子 3. 刷防护材料、油漆

B.5.2 窗油漆

工程量清单项目设置及工程量计算规则，应按表B.5.2的规定执行。

表B.5.2 窗油漆（编码：020502）

项目编码	项目名称	项目特征	计量单位	工程量计算规则	工程内容
020502001	窗油漆	1. 窗类型 2. 腻子种类 3. 刮腻子要求 4. 防护材料种类 5. 油漆品种、刷漆遍数	樘/m^2	按设计图示数量或设计图示单面洞口面积计算	1. 基层清理 2. 刮腻子 3. 刷防护材料、油漆

B.5.3 木扶手及其他板条线条油漆

工程量清单项目设置及工程量计算规则，应按表B.5.3的规定执行。

B.5.4 木材面油漆

工程量清单项目设置及工程量计算规则，应按表B.5.4的规定执行。

表 B.5.3　木扶手及其他板条线条油漆（编码：020503）

项目编码	项目名称	项目特征	计量单位	工程量计算规则	工程内容
020503001	木扶手油漆	1. 腻子种类 2. 刮腻子要求 3. 油漆部位单位展开面积 4. 油漆体长度 5. 防护材料种类 6. 油漆品种、刷漆遍数	m	按设计图示尺寸以长度计算	1. 基层清理 2. 刮腻子 3. 刷防护材料、油漆
020503002	窗帘盒油漆				
020503003	封檐板、顺水板油漆				
020503004	挂衣板、黑板框油漆				
020503005	挂镜线、窗帘棍、单独木线油漆				

表 B.5.4　木材面油漆（编码：020504）

项目编码	项目名称	项目特征	计量单位	工程量计算规则	工程内容
020504001	木板、纤维板、胶合板油漆	1. 腻子种类 2. 刮腻子要求 3. 防护材料种类 4. 油漆品种、刷漆遍数	m^3	按设计图示尺寸以面积计算	1. 基层清理 2. 刮腻子 3. 刷防护材料、油漆
020504002	木护墙、木墙裙油漆				
020504003	窗台板、筒子板、盖板、门窗套、踢脚线油漆				
020504004	清水板条顶棚、檐口油漆				
020504005	木方格吊顶顶棚油漆				
020504006	吸音板墙面、顶棚面油漆				
020504007	暖气罩油漆				
020504008	木间壁、木隔断油漆			按设计图示尺寸以单面外围计算	
020504009	玻璃间壁露明墙筋油漆				
020504010	木栅栏、木栏杆（带扶手）油漆				
020504011	衣柜、壁柜油漆			按设计图示尺寸以油漆部分展开面积计算	
020504012	梁柱饰面油漆				
020504013	零星木装修油漆				
020504014	木地板油漆			按设计图示尺寸以面积计算。空洞、空圈、暖气包槽、壁龛的开口部分并入相应的工程量内	
020504015	木地板烫硬蜡面	1. 硬蜡品种 2. 面层处理要求			1. 基层清理 2. 烫蜡

B.5.5 金属面油漆

工程量清单项目设置及工程量计算规则，应按表 B.5.5 的规定执行。

表 B.5.5 金属面油漆（编码：020505）

项目编码	项目名称	项 目 特 征	计量单位	工程量计算规则	工 程 内 容
020505001	金属面油漆	1. 腻子种类 2. 刮腻子要求 3. 防护材料种类 4. 油漆品种、刷漆遍数	t	按设计图示尺寸以质量计算	1. 基层清理 2. 刮腻子 3. 刷防护材料、油漆

B.5.6 抹灰面油漆

工程量清单项目设置及工程量计算规则，应按表 B.5.6 的规定执行。

表 B.5.6 抹灰面油漆（编码：020506）

项目编码	项目名称	项 目 特 征	计量单位	工程量计算规则	工 程 内 容
020506001	抹灰面油漆	1. 基层类型 2. 线条宽度、道数 3. 腻子种类 4. 刮腻子要求 5. 防护材料种类 6. 油漆品种、刷漆遍数	m^2	按设计图示尺寸以面积计算	1. 基层清理 2. 刮腻子 3. 刷防护材料、油漆
020506002	抹灰线条油漆		m	按设计图示尺寸以长度计算	

B.5.7 喷塑、涂料

工程量清单项目设置及工程量计算规则，应按表 B.5.7 的规定执行。

表 B.5.7 喷塑、涂料（编码：020507）

项目编码	项目名称	项 目 特 征	计量单位	工程量计算规则	工 程 内 容
020507001	刷喷涂料	1. 基层类型 2. 腻子种类 3. 刮腻子要求 4. 涂料品种、刷喷遍数	m^2	按设计图示尺寸以面积计算	1. 基层清理 2. 刮腻子 3. 刷、喷涂料

B.5.8 花饰、线条刷涂料

工程量清单项目设置及工程量计算规则，应按表 B.5.8 的规定执行。

表 B.5.8 花饰、线条刷涂料（编码：020508）

项目编码	项目名称	项 目 特 征	计量单位	工程量计算规则	工 程 内 容
020508001	空花格、栏杆刷涂料	1. 腻子种类 2. 线条宽度 3. 刮腻子要求 4. 涂料品种、刷漆遍数	m^2	按设计图示尺寸以单面外围面积计算	1. 基层清理 2. 刮腻子 3. 刷、喷涂料
020508002	线条刷涂料		m	按设计图示尺寸以长度计算	

B.5.9 裱糊

工程量清单项目设置及工程量计算规则，应按表 B.5.9 的规定执行。

表 B.5.9　裱糊（编码：020509）

项目编码	项目名称	项目特征	计量单位	工程量计算规则	工程内容
020509001	墙纸裱糊	1. 基层类型 2. 裱糊构件部位 3. 腻子种类 4. 刮腻子要求 5. 粘结材料种类 6. 防护材料种类 7. 面层材料品种、规格、品牌、颜色	m^2	按设计图示尺寸以面积计算	1. 基层清理 2. 刮腻子 3. 面层铺贴 4. 刷防护材料
020509002	织锦缎裱糊				

B.5.10　其他相关问题应按下列规定处理。

1. 门油漆应区分单层木门、双层（一玻一纱）木门、双层（单裁口）木门、全玻自由门、半玻自由门、装饰门及有框门或无框门等，分别编码列项。

2. 窗油漆应区分单层玻璃窗、双层（一玻一纱）木窗、双层框扇（单裁口）木窗、双层框三层（二玻一纱）木窗、单层组合窗、双层组合窗、木百叶窗、木推拉窗等，分别编码列项。

3. 木扶手应区分带托板与不带托板，分别编码列项。

B.6　其他工程

B.6.1　柜类、货架

工程量清单项目设置及工程量计算规则，应按表 B.6.1 的规定执行。

表 B.6.1　柜类、货架（编码：020601）

项目编码	项目名称	项目特征	计量单位	工程量计算规则	工程内容
020601001	柜台	1. 台柜规格 2. 材料种类、规格 3. 五金种类、规格 4. 防护材料种类 5. 油漆品种、刷漆遍数	个	按设计图示数量计算	1. 台柜制作、运输、安装（安放） 2. 刷防护材料、油漆
020601002	酒柜				
020601003	衣柜				
020601004	存包柜				
020601005	鞋柜				
020601006	书柜				
020601007	厨房壁柜				
020601008	木壁柜				
020601009	厨房低柜				
020601010	厨房吊柜				
020601011	矮柜				
020601012	吧台背柜				
020601013	酒吧吊柜				
020601014	酒吧台				
020601015	展台				
020601016	收银台				
020601017	试衣间				
020601018	货架				
020601019	书架				
020601020	服务台				

B.6.2 暖气罩

工程量清单项目设置及工程量计算规则，应按表B.6.2的规定执行。

表B.6.2 暖气罩（编码：020602）

项目编码	项目名称	项目特征	计量单位	工程量计算规则	工程内容
020602001	饰面板暖气罩	1. 暖气罩材质 2. 单个罩垂直投影面积 3. 防护材料种类 4. 油漆品种、刷漆遍数	m^2	按设计图示尺寸以垂直投影面积（不展开）计算	1. 暖气罩制作、运输、安装 2. 刷防护材料、油漆
020602002	塑料板暖气罩				
020602003	金属暖气罩				

B.6.3 浴厕配件

工程量清单项目设置及工程量计算规则，应按表B.6.3的规定执行。

表B.6.3 浴厕配件（编码：020603）

项目编码	项目名称	项目特征	计量单位	工程量计算规则	工程内容
020603001	洗漱台	1. 材料品种、规格、品牌、颜色 2. 支架、配件品种、规格、品牌 3. 油漆品种、刷漆遍数	m^2	按设计图示尺寸以台面外接矩形面积计算。不扣除孔洞、挖弯、削角所占面积，挡板、吊沿板面积并入台面面积内	1. 台面及支架制作、运输、安装 2. 杆、环、盒、配件安装 3. 刷油漆
020603002	晒衣架		根（套）	按设计图示数量计算	
020603003	帘子杆				
020603004	浴缸拉手				
020603005	毛巾杆（架）				
020603006	毛巾环		副		
020603007	卫生纸盒		个		
020603008	肥皂盒				
020603009	镜面玻璃	1. 镜面玻璃品种、规格 2. 框材质、断面尺寸 3. 基层材料种类 4. 防护材料种类 5. 油漆品种、刷漆遍数	m^2	按设计图示尺寸以边框外围面积计算	1. 基层安装 2. 玻璃及框制作、运输、安装 3. 刷防护材料、油漆
020603010	镜箱	1. 箱材质、规格 2. 玻璃品种、规格 3. 基层材料种类 4. 防护材料种类 5. 油漆品种、刷漆遍数	个	按设计图示数量计算	1. 基层安装 2. 箱体制作、运输、安装 3. 玻璃安装 4. 刷防护材料、油漆

B.6.4 压条、装饰线

工程量清单项目设置及工程量计算规则，应按表B.6.4的规定执行。

B.6.5 雨篷、旗杆

工程量清单项目设置及工程量计算规则，应按表B.6.5的规定执行。

表 B.6.4　压条、装饰线（编码：020604）

项目编码	项目名称	项目特征	计量单位	工程量计算规则	工程内容
020604001	金属装饰线	1. 基层类型 2. 线条材料品种、规格、颜色 3. 防护材料种类 4. 油漆品种、刷漆遍数	m	按设计图示尺寸以长度计算	1. 线条制作、安装 2. 刷防护材料、油漆
020604002	木质装饰线				
020604003	石材装饰线				
020604004	石膏装饰线				
020604005	镜面玻璃线				
020604006	铝塑装饰线				
020604007	塑料装饰线				

表 B.6.5　雨篷、旗杆（编码：020605）

项目编码	项目名称	项目特征	计量单位	工程量计算规则	工程内容
020605001	雨篷吊挂饰面	1. 基层类型 2. 龙骨材料种类、规格、中距 3. 面层材料品种、规格、品牌 4. 吊顶（顶棚）材料、品种、规格、品牌 5. 嵌缝材料种类 6. 防护材料种类 7. 油漆品种、刷漆遍数	m^2	按设计图示尺寸以水平投影面积计算	1. 底层抹灰 2. 龙骨基层安装 3. 面层安装 4. 刷防护材料、油漆
020605002	金属旗杆	1. 旗杆材料、种类、规格 2. 旗杆高度 3. 基础材料种类 4. 基座材料种类 5. 基座面层材料、种类、规格	根	按设计图示数量计算	1. 土（石）方挖填 2. 基础混凝土浇注 3. 旗杆制作、安装 4. 旗杆台座制作、饰面

B.6.6　招牌、灯箱

工程量清单项目设置及工程量计算规则，应按表 B.6.6 的规定执行。

表 B.6.6　招牌、灯箱（编码：020606）

项目编码	项目名称	项目特征	计量单位	工程量计算规则	工程内容
020606001	平面、箱式招牌	1. 箱体规格 2. 基层材料种类、规格 3. 面层材料种类、规格 4. 防护材料种类 5. 油漆品种、刷漆遍数	m^2	按设计图示尺寸以正立面边框外围面积计算。复杂形的凸凹造型部分不增加面积	1. 基层安装 2. 箱体及支架制作、运输、安装 3. 面层制作、安装 4. 刷防护材料、油漆
020606002	竖式标箱		个	按设计图示数量计算	
020606003	灯箱				

B.6.7　美术字

工程量清单项目设置及工程量计算规则，应按表 B.6.7 的规定执行。

表 B.6.7　美术字（编码：020607）

项目编码	项目名称	项目特征	计量单位	工程量计算规则	工程内容
020607001	泡沫塑料字	1. 基层类型 2. 镌字材料品种、颜色 3. 字体规格 4. 固定方式 5. 油漆品种、刷漆遍数	个	按设计图示数量计算	1. 字制作、运输、安装 2. 刷油漆
020607002	有机玻璃字				
020607003	木质字				
020607004	金属字				

参考文献

[1] 张卫平. 看图学建筑装饰装修工程预算［M］. 北京：中国电力出版社，2008.

[2] 中华人民共和国住房和城乡建设部. GB 50500—2008［S］. 北京：中国计划出版社，2008.

[3] 建设工程工程量清单计价规范编制组. 建设工程工程量清单计价规范宣贯辅导教材［M］. 北京：中国计划出版社，2008.